생태 수학

자연에서 찾은 수학의 원리

고육공동체벗

별도의 표시가 없는 한 교육공동체 벗이 생산한 저작물은 크리에이티브 커먼즈(저작자표시-비영리-변경금지 4.0 국제 라이선스)에 따라 이용하실 수 있습니다.
http://creativecommons.org/licenses/by-nc-nd/4.0

생태 수학
자연에서 찾은 수학의 원리

ⓒ 한상직, 2019

2019년 5월 15일 펴냄
2022년 3월 2일 초판 2쇄 찍음

글쓴이 한상직
기획·편집 설원민
출판자문위원 이상대, 박진환
디자인 더디앤씨 www.thednc.co.kr
제작 세종 PNP

펴낸이 김기언
펴낸곳 교육공동체 벗
이사장 최은숙
사무국 최승훈, 이진주, 설원민, 서경, 공현
출판등록 제2011-000022호(2011년 1월 14일)
주소 (03971) 서울시 마포구 성미산로1길 30 2층
전화 02-332-0712
전송 0505-115-0712
홈페이지 communebut.com
카페 cafe.daum.net/communebut

ISBN 978-89-6880-110-5 03370

생태 수학

자연에서 찾은 수학의 원리

고육공동체벗

여는 글

식물은 참 똑똑한 것 같아요!

몇 년 전 초등학교 학생들과 수학을 연극으로 만들어 공연한 적이 있습니다. 5개월 동안 워크숍을 진행하고 〈수학 극장〉이란 이름으로 무대에 올렸습니다. 연극을 마친 후 한 6학년 학생이 소감을 말해 주었습니다.

"선생님 저는 수학을 싫어하고 잘하지도 못해요.
그렇지만 제가 〈수학 극장〉처럼 재미있게 수학을 배웠다면
잘하지는 못해도 싫어하지는 않았을 것 같아요."

초등 수학에서는 다양한 방식으로 '재미있는 수학 시간'을 만드는 것이 중요합니다. 교실에서 연습 문제를 풀면서 수학을 배우는 방법도 있지만, 자연 속에서 체험 활동을 하며 공부할 수도 있습니다. 연산이 어려워서 수학에서 멀어지고 청소년기에 수학을 포기하는 학생들이 있습니다. 연산도 재미있는 활동으로 배우면 누구나 쉽게 익힐 수 있기에 정말 안타까운 일입니다.

초등학교에서는 '재미있다'와 '잘한다'가 동의어가 될 수 있습니다. 생태 수학은 우리 주변의 자연 환경 속에서 체험 활동을 통해 재미있는 수학 시간을 만들고자 합니다.

현재 초등 수학 교육과정은 수와 연산, 도형, 측정, 자료와 가능성, 규칙성의 다섯 영역으로 구성되어 있습니다. 하지만 수와 연산에 대한 학습 내용이 많고, 학생들 사이의 편차도 큰 것처럼 보이기 때문에 '연산 능력이 곧 수학 능력'이라고 오해하기 쉽습니다. 연산을 빨리한다고 해서 수학을 잘하는 것은 아닙니다.

수학을 잘한다는 것은 자신이 해결해야 할 과제를 분석하고, 합리적 사고를 통해 해결책을 찾는 것입니다. 규칙성과 도형은 연산과는 다른 방법으로 합리적 사고의 길을 열 수 있습니다. 사전 지식이 없어도 이해할 수 있기 때문에 수학을 어려워하거나 다른 방식으로 배우고 싶은 학생들이 흥미를 느끼고 쉽게 공부할 수 있습니다. 생태 수학에서는 수의 규칙, 입체 도형과 평면 도형, 대칭, 측정 단위, 각도와 분수, 약수와 배수, 비례식을 통해 합리적 사고 방법을 익힙니다. 일상에서 쉽게 찾아볼 수 있는 식물과 곤충, 동물들을 관찰하면서 체험하면서, 자연이 품고 있는 합리적 사고 방법을 이해합니다.

생태 수학의 출발점은 패턴을 찾고 이해하는 것입니다. 지금까지 수학교육은 '정확하게 계산하여 하나의 정답을 빨리 찾는 것'을 중요하게 생각했습니다. 현실은 책 속의 연습 문제와는 다르게 변화가 많습니다. 특히 생태계는 복잡해서 상식으로 이해할 수 없는 일들이 많습니다. 따라서 하나의 문제를 해결하기 위해 다양한 방법을 찾고 고민해야 합니다.

패턴을 이해하는 것은 복잡한 자연 현상 속에서 상관관계와 인과 관계를 구별하고 일정한 범위에서 추론하는 것입니다. 시간의 흐름 속에서 어떤 변화를 보이고, 순환하는 것이 무엇인지를 찾아내는 것입니다. 생태계에는 많은 패턴이 있지만 다양하고 때론 숨겨져 있어, 집중해서 관찰하지 않으면 찾아내기 어렵습니다. 간단한 패턴에서 시작해서 복잡한 패턴을 찾고, 관찰과 추론을 통해 여러 지식들을 모으고 연결하며 새로운 지식을 구성하는 능력을 키우는 배움의 경험을 만들어 가야 합니다. 수학은 현실과 동떨어진 시험 속 '문제'가 아니라 우리들의 생활 속에 '적용'할 수 있는 살아 있는 배움이 되어야 합니다.

생태 감수성을 키우는 것도 생태 수학의 몫입니다. 생태계는 서로 연결되어 상호 작용을 하며 어우러져 살아가고 있습니다. 좁은 범위에서 보면 개체 간의 경쟁이 두드러져 약육강식의 세계로 보일 수도 있습니다. 그러나 넓게 보면 진화와 공존이 생태계의 두 축을 이루고 있습니다. 따라서 생태 수학은 경쟁이 아닌 협업을 통한 문제 해결을 중요하게 생각합니다. 학생들 간의 협동과 협력은 물론 학문 간의 유기적 통합도 추구하고 있습니다. 생태계를 이해하고 생태 감수성을 키우기 위해서는 과학, 기술, 공학, 예술, 수학을 각각의 교과 영역으로 분리하지 않고 통합해서 접근해야 합니다. 다양한 분야와 그 분야에 관심을 가진 사람들이 협업을 할 수 있다면 공동의 과제를 보다 쉽고 지혜로운 방식으로 해결할 수 있을 것입니다.

한번은 학생들과 상자 텃밭에 완두콩을 심어 길러 보았습니다. 완두콩이 자라는 3개월 동안 학생들은 시, 그림, 만화, 율동 등 다양한 방식으로 식물의 성장을 표현했습니다. 그 과정 속에서 학생들은 친구들의 개별성과 다양성을 확인하고 공감하며 서로를 더 잘 이해할 수 있었습니다.

생태 수학이란 결국 자연의 지혜를 배우려는 노력입니다. 모든 생명체는 다양한 방식으로 살아가고 있습니다. 그 가운데 두 가지 공통점을 찾을 수 있습니다. 첫째, 모든 생명체는 자신의 유전자를 보다 많이, 보다 넓게 퍼뜨리기 위해 노력합니다. 둘째, 모든 생명체는 최소의 에너지를 사용해서 최대의 효과를 얻을 수 있는 방법으로 진화하고 있습니다.

우리는 '식물은 생각을 하지 못한다'고 여깁니다. 그러나 식물은 참 수학적입니다. 햇빛을 고르게 받기 위해 식물의 잎은 서로 어긋나게 납니다. 효율적인 번식을 위해 바람과 곤충, 동물을 이용합니다. 명확한 생존 전략과 방향성을 가지고 있는 것입니다. 공룡은 한때 지구를 지배했지만 지금은 모두 사라졌습니다. 반면, 식물은 아름다운 꽃과 달콤한 꿀, 열매, 산소를 제공하며 여전히 생태계의 주축으로 살아가고 있습니다. 만약 식물이 수학적이지 않았다면 지금처럼 번성하지 못했을 테고 지구의 모습도 달라졌을 것입니다.

　　이 책을 통해 많은 분들이 생태 수학에 관심을 갖게 되었으면 좋겠습니다. 더불어 수학에서 멀어졌던 학생들이 다시 흥미를 가질 수 있는 계기가 되었으면 합니다. 생태 수학을 통해 자연에 숨겨진 패턴을 찾고 생태 감수성을 키우며 동식물의 지혜를 배우고 나누었으면 좋겠습니다.

　　지난해 같이 식물의 잎 나기 실험을 한 초등학생이 저에게 해 준 말이 있습니다.

　　"선생님, 식물은 참 똑똑한 것 같아요!"

　　생태 수학을 잘 표현한 말인 것 같습니다.

2019년 5월
한상직

차례

004 여는 글

012 **1장. 꽃잎에서 찾은 수의 규칙**
014 식물은 왜 꽃을 피울까?
015 꽃잎에 숨어 있는 수의 규칙
018 동식물의 성장에서 나타나는 수의 규칙
020 **수학 지식 - 수의 규칙**
022 토끼의 번식과 피보나치수열

026 **2장. 햇빛을 나누는 식물의 수학**
028 햇빛을 먹는 식물의 잎
030 식물의 잎 나기 방법
034 **수학 지식 - 각도와 분수**
038 효율적인 잎 나기

042 **3장. 식물의 한살이를 관찰하는 상자 텃밭**
044 식물의 한살이 패턴
045 한살이 패턴을 관찰하는 상자 텃밭
053 **수학 지식 - 입체 도형**
054 상자 텃밭의 측정

058	**4장. 씨앗의 여행과 대칭**
060	다음 세대를 이어 가는 씨앗
060	씨앗의 이동 방법
064	회전 대칭에서 선대칭으로
068	**수학 지식** - 대칭
070	단풍나무 씨앗의 비행
072	민들레 씨앗과 낙하산
074	**5장. 지구의 개미는 모두 몇 마리일까**
076	큰 수를 세는 방법
077	지구에서 가장 번성하는 동물은 무엇일까
080	생체량이 가장 큰 동물
083	**수학 지식** - 측정 단위
084	개미의 생체량
088	**6장. 꿀벌의 집은 왜 육각형일까**
090	육각형 모양의 꿀벌의 집
091	평면을 가장 넓게 사용하는 정육각형
096	**수학 지식** - 평면 도형과 넓이
098	입체를 가장 넓게 사용하는 돔 하우스

102	**7장. 최소의 재료와 최대의 효과, 거미그물**
104	거미와 거미그물
105	거미그물의 발전 단계
108	최소 재료와 최대 효과
111	**수학 지식** - 원둘레의 길이와 원의 넓이
113	녹아 없어지는 생태 그물

116	**8장. 천적을 피하는 매미의 지혜**
118	매미의 울음소리가 큰 이유
120	생존율을 높이는 매미의 수학
122	**수학 지식** - 약수와 배수
123	특별한 수, 소수

128	**9장. 자연과 예술의 만남, 아름다운 비율**
130	아름다운 비율이란 무엇일까
132	황금비와 황금 사각형
135	동양의 건축과 예술에 사용된 금강비
138	**수학 지식** - 비례식과 비례배분
141	황금각과 씨앗의 성장

145 부록. 함께 하는 실험

146 1. 햇빛을 고르게 나누는 식물의 잎 나기

149 2. 단풍나무 씨앗 모형 날리기

151 3. 원이 육각형으로 변하는 꿀벌의 집

1장. 꽃잎에서 찾은 수의 규칙

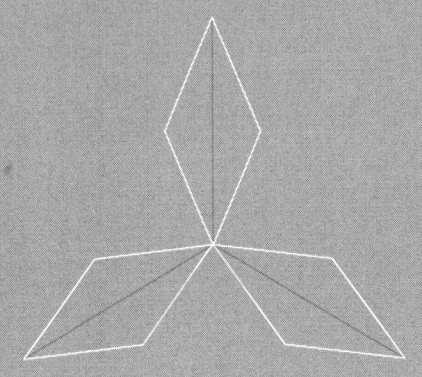

꽃잎에서 찾은 수의 규칙

식물은 왜 꽃을 피울까?

봄이 오면 겨우내 앙상했던 나뭇가지와 풀에서 꽃이 피어나기 시작합니다. 노루귀와 유채, 산수유, 매실 그리고 개나리와 진달래로 시작해서 다른 나무와 풀에서도 꽃이 핍니다.

이처럼 식물은 때가 되면 저마다 아름다운 꽃을 피웁니다. 꽃가루와 꿀을 만들어서 곤충들에게 내주기도 합니다. 꽃을 피우고 꿀을 만들기 위해서는 많은 에너지가 필요한데도 말이죠.

그 이유는 바로 식물에게 가장 중요한 수분을 하기 위해서입니다. 모든 생명체는 자손을 널리, 많이 퍼뜨리는 일이 무엇보다 중요합니다. 식물은 꿀을 만들고 그 꿀을 먹기 위해 날아온 곤충의 몸에 꽃가루를 묻혀 자신의 유전자를 널리 그리고 안전하게 퍼뜨리고 있습니다.

꽃식물은 꿀벌의 몸에 꽃가루를 묻혀 수분을 한다.

가장 대표적인 예가 바로 꽃식물과 꿀벌입니다. 이들은 서로 도움을 주고받으며 공생하고 있습니다. 꽃식물과 꿀벌처럼 서로에게 도움을 주는 방향으로 발전하는 경우를 '공진화'라고 합니다.

꽃잎에 숨어 있는 수의 규칙

꽃잎의 수를 세어 보면 일정한 규칙을 찾을 수 있습니다. 달개비 꽃은 3장, 사과 꽃은 5장, 코스모스는 8장의 꽃잎으로 이루어져 있습니다. 우리가 흔히 알고 있는 수의 규칙은 덧셈과 곱셈처럼 같은 수를 더하거나 곱해서 커지는 것입니다. 그런데 꽃잎 수의 규칙은 수가 커지기는 하지만 그 차이가 일정하지 않습니다. 꽃잎에는 어떤 수의 규칙이 숨어 있는 걸까요? 또 3장, 5장, 8장의 꽃잎을 가진 꽃을 많이 볼 수 있지만 4장, 6장, 7장의 꽃잎을 가진 꽃은 쉽게 볼 수 없습니다. 왜 그럴까요?

생태계를 이루고 있는 모든 동식물들의 모습은 환경에 가장 잘 적응하기 위해 스스로를 변화시킨 것입니다. 식물의 꽃 또한 수분이 가장 잘 일어날 수 있도록 변화되어 왔습니다. 꽃잎의 수와 모양, 색깔은 모두 종족 번식에 가장 적합한 형태로 진화한 결과물입니다. 특히 꽃잎은 암술과 수술을 보호하고 수분을 도와주는 역할을 합니다. 많은 꽃들의 꽃잎이 5장이나 8장인 이유는 꽃잎이 4장이나 7장일 때보다 더 효과적으로 암술과 수술을 보호할 수 있기 때문입니다.

통꽃은 꽃잎이 1장입니다. 나팔꽃은 꽃잎 끝이 갈라져 있어 꽃잎이 5장이라고 오해할 수 있지만 이름처럼 나팔 모양으로 생긴 통꽃입니다. 개나리도 꽃잎이 4장처럼 보이지만 자세히 살펴보면 꽃잎이 1장인 통꽃입니다. 수선화는 꽃잎이 6장인 것처럼 보이지만 사실은 3장입니다. 꽃잎과 꽃받침이 비슷한 모양이어서 꽃잎이 6장인 것처럼 보일 뿐입니다. 그렇지만 꽃잎이 3장인 꽃으로 봐야 합니다.

수선화는 꽃잎 3장과 꽃받침 3장으로 이루어져 있다.

꽃잎이 1장(통꽃)인 꽃은 호박꽃이 있습니다.
꽃잎이 2장인 꽃은 꽃기린이 있습니다.
꽃잎이 3장인 꽃은 백합과 달개비가 있습니다.
꽃잎이 5장인 꽃은 채송화와 무궁화가 있습니다.
꽃잎이 8장인 꽃은 코스모스와 모란이 있습니다.
꽃잎이 13장인 꽃은 금잔화와 시네라리아가 있습니다.
꽃잎이 21장인 꽃은 치커리와 데이지가 있습니다.
꽃잎이 34장인 꽃은 해국과 쑥부쟁이가 있습니다.

1장. 꽃잎에서 찾은 수의 규칙

호박꽃 꽃기린

달개비 무궁화

코스모스 금잔화

데이지 쑥부쟁이

꽃잎 수가 항상 규칙적인 것만은 아닙니다. 8장 꽃잎이 나는 코스모스나 모란까지는 꽃잎의 수가 규칙적이지만, 13장, 21장의 꽃잎이 나는 치커리나 데이지는 20장이나 22장의 꽃잎이 나는 경우도 있습니다. 그리고 품종 개량을 위해 인공적으로 만들어질 경우 이 규칙이 적용되지 않을 때가 많습니다.

동식물의 성장에서 나타나는 수의 규칙

생각 문제	아래 나열된 수의 규칙은 무엇일까요? 팬지 사진을 보고 생각해 보세요. 2, 3, 5, 8, 13, 21

팬지는 보라색과 흰색의 꽃잎이 섞여 있습니다. 보라색 꽃잎 2장과 흰색 꽃잎 3장을 더한 5장의 꽃잎을 가지고 있습니다. 마찬가지로 위에

나열된 수의 규칙 또한 앞에 두 수를 더하면 뒤에 수가 나오는 것입니다.

2+3=5, 3+5=8, 5+8=13, 8+13=21 그리고 계속해서 34, 55, 89라는 수를 얻을 수 있습니다. 질경이는 보통 34장의 꽃잎을, 쑥부쟁이는 55장 또는 89장의 꽃잎을 가집니다.

나무에서 관찰되는 수의 규칙

나뭇가지는 불규칙하게 나는 것처럼 보이지만 꽃잎처럼 수의 규칙을 찾을 수 있습니다. 처음에는 1개로 올라오다 2개로 갈라지는 나뭇가지는 다시 3개, 5개, 8개로 점점 더 많이 갈라집니다. 나뭇가지가 갈라지는 모양을 일정한 간격으로 나누어 보면 다음과 같은 수의 규칙을 발견할 수 있습니다.

1 - 2 - 3 - 5 - 8 - 13 - 21

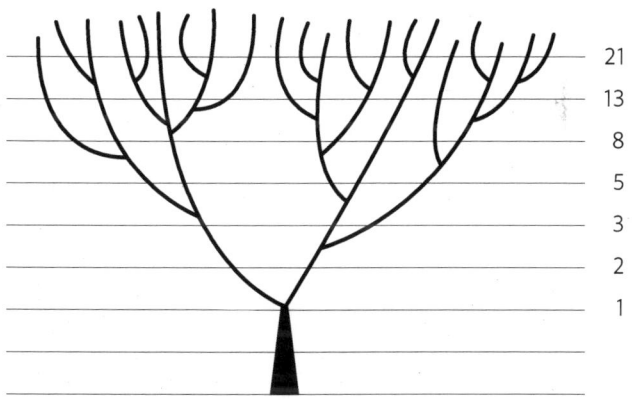

세포의 번식에서 나타나는 수의 규칙

1 - 2 - 4 - 8 - 16 - 32

위에 나열된 수들은 2를 곱해서 만들어지는 수의 규칙입니다. 세포는 일정한 조건이 되면 2개로 나누어지고 2배씩 늘어납니다. 세포 분열에서 나타나는 수의 규칙입니다. 그렇지만 계속해서 분열하지는 않습니다. 영양 상태와 주변 환경이 좋을 때는 2배씩 빠르게 증가하지만 적정 수를 채우거나 영양 상태가 나빠지면 더 이상 늘어나지 않습니다.

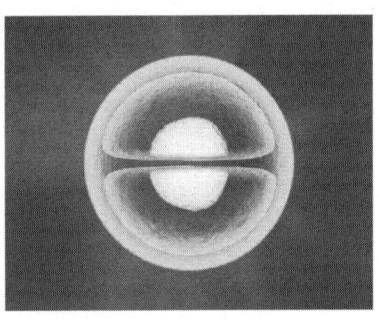

세포가 분열하는 모습

수학 지식

수의 규칙

| 연관 단원 | **규칙**(4학년) |

실생활의 문제를 풀어내는 데 규칙성은 유용하게 사용될 수

있고, 규칙 찾기를 통해 추론 능력을 향상시킬 수 있습니다.

일정한 수만큼 커지는 수의 규칙

2 - 4 - 6 - 8 - 10 : 2씩 커지는 수의 규칙

제곱으로 커지는 수의 규칙

1 - 4 - 9 : 한 변의 길이가 1씩 커지는 정사각형 넓이 규칙

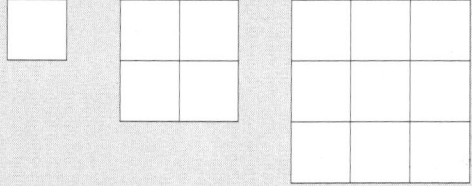

세제곱으로 커지는 수의 규칙

1 - 8 - 27 : 한 변의 길이가 1씩 커지는 정육면체 부피 규칙

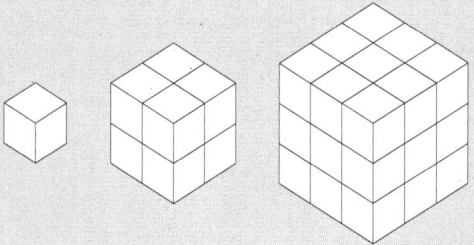

토끼의 번식과 피보나치수열

생각 문제	생태 농원 야외 방사장에서 새끼 토끼 1쌍을 키웁니다. 만약 토끼 1쌍이 2번째 달부터 매달 토끼를 1쌍씩 낳는다고 가정한다면 6개월 후 토끼는 모두 몇 쌍일까요?
	조건 성체 토끼 1쌍은 번식 기간 중에 1쌍의 새끼만을 낳고, 실험 기간 중에 죽는 토끼는 없습니다.

가축의 번식은 일정한 수를 더하는 수의 규칙도 아니고, 일정한 수를 곱하는 수의 규칙도 아닙니다. 새끼는 일정 기간이 지나면 성체가 되고, 성체가 되면 번식을 시작합니다. 새끼와 성체를 구분해야 전체 개체 수를 쉽게 알 수 있습니다.

처음   새끼 토끼 1쌍
1개월 후 성체 토끼 1쌍
2개월 후 성체 토끼 1쌍 + 새끼 토끼 1쌍
3개월 후 성체 토끼 2쌍 + 새끼 토끼 1쌍
4개월 후 성체 토끼 3쌍 + 새끼 토끼 2쌍
5개월 후 성체 토끼 5쌍 + 새끼 토끼 3쌍
6개월 후 성체 토끼 8쌍 + 새끼 토끼 5쌍

이를 그림으로 확인하면 다음과 같습니다.

처음

1개월 후

2개월 후

3개월 후

4개월 후

5개월 후

6개월 후

1개월 후 새끼 토끼 1쌍이 성장해 성체 토끼 1쌍이 됩니다. 2개월 후에는 성체 토끼 1쌍이 새끼 토끼 1쌍을 낳습니다. 3개월 후에는 새끼 토끼 1쌍이 자라서 성체 토끼 2쌍이 되고, 다시 새끼 토끼 1쌍이 더 태어납니다. 4개월 후에는 성체 토끼 2쌍이 각각 새끼 토끼 1쌍씩을 낳고 새끼 토끼 1쌍은 성장해서 성체 토끼가 됩니다. 5개월 후에는 성체 토끼 3쌍이 각각 새끼 토끼 1쌍씩을 낳고, 새끼 토끼 2쌍이 자라서 성체 토끼가 됩니다. 6개월 후에는 성체 토끼 5쌍이 각각 새끼 토끼 1쌍씩을 낳고, 새끼 토끼 3쌍이 자라서 성체 토끼가 됩니다. 그래서 6개월 후에 전체 토끼의 개체 수는 모두 13쌍이고 성체 8쌍, 새끼 5쌍입니다. 이전 기간의 성체의 수(쌍)만큼 새끼가 늘어나고, 이전 기간의 새끼의 수(쌍)만큼 성체가 늘어나기 때문입니다.

13(전체 수) = **8**(성체 수, 5개월 후 전체 개체 수) + **5**(새끼 수, 4개월 후 전체 개체 수)

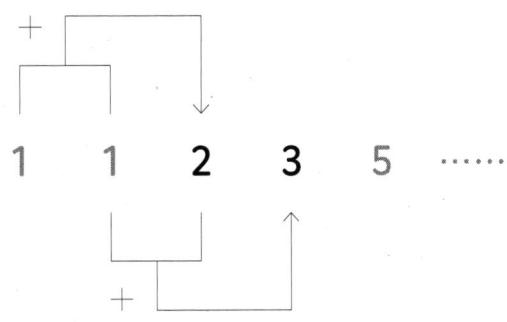

토끼의 번식에서도 마찬가지로 현재의 개체 수를 알기 위해서는 앞의 두 개체 수를 더하면 됩니다. 앞의 앞에 위치한 수는 새끼 토끼 쌍의 수와 같고, 바로 앞의 수는 성체 토끼 쌍의 수와 같습니다. 앞의 두 수를 더하면 뒤의 수가 되는 토끼의 번식에서 나타나는 것과 같은 수의 규칙을 피보나치수열이라고 합니다.

솔방울의 이중나선과 수의 규칙

솔방울은 중심에서 씨가 만들어지고 점점 밖으로 퍼지면서 성장합니다. 솔방울은 빈틈없이 자라는 것이 좋습니다. 빈틈없이 자라는 솔방울에는 수의 규칙이 있습니다. 시계 방향으로는 8개 나선이 있고, 시계 반대 방향으로는 13개 나선이 있습니다. 8과 13의 이중나선으로 씨앗이 성장할 때 빈틈없이 솔방울이 자랍니다. 우리가 관찰한 1 - 2 - 3 - 5 - 8 - 13 수의 규칙은 솔방울에서도 관찰할 수 있습니다.

2장. 햇빛을 나누는 식물의 수학

햇빛을 나누는 식물의 수학

햇빛을 먹는 식물의 잎

식물은 광합성을 통해 생명 에너지를 만들어 냅니다. 잎에서 이산화탄소와 물, 햇빛을 이용해 포도당과 산소를 만듭니다. 광합성을 잘하기 위해서는 식물의 잎이 햇빛을 많이 받아야 합니다. 그런데 식물은 무수히 많은 잎이 돋아나기 때문에 자연스레 위에 난 잎이 아래에 난 잎이 받아야 할 햇빛을 가리게 됩니다. 햇빛을 받지 못하면 식물은 건강하게 자랄 수 없기 때문에 해결책이 필요합니다.

식물은 햇빛을 고르게 받기 위해 저마다 잎이 달리는 규칙을 만들었습니다. 이를 잎이 나는 순서라고 하여 '잎차례'라고 합니다. 잎차례는 크게 세 가지로 구분할 수 있는데 '어긋나기', '마주나기', '모여나기'입니다. 식물을 위에서 아래로 내려다보며 잎이 난 모양을 관찰해 보세요. 같은 조건일 때는 잎이 많이 보이는 것이 잎이 적게 보이는 것보다 더 효율적으로 광합성을 할 수 있습니다.

식물은 크게 겉씨식물과 속씨식물로 구분할 수 있으며 속씨식물은 다시 외떡잎식물과 쌍떡잎식물로 나눌 수 있습니다. 외떡잎식물에는 인류가 주식으로 먹는 벼, 밀, 옥수수가 있습니다. 대나무, 잔디, 튤립 등도 대표적인 외떡잎식물입니다. 씨앗에서 떡잎이 1개만 나오기 때문에 외떡잎식물입니다. 꽃잎의 수는 3의 배수가 많고, 잎은 좁고 길게 납니다. 그래서 위에 새로 난 잎이 아래에 먼저 난 잎을 가리지 않습니다. 어떤 형태로 잎이 나도 문제될 것이 없습니다. 외떡잎식물은 대체로 180°의 각도를 유지하면서 마주 보고 잎이 납니다. 이를 '마주나기'라고 합니다.

잎이 좁은 외떡잎식물인 대나무   잎이 넓은 쌍떡잎식물인 고무나무

　　쌍떡잎식물은 외떡잎식물보다 진화된 형태로 잎이 크고 두껍습니다. 동백나무와 고무나무가 대표적인 쌍떡잎식물입니다. 쌍떡잎식물은 잎이 크기 때문에 위에 새로운 잎이 나게 되면 아래에 먼저 난 잎을 가려서 광합성을 방해할 수 있습니다. 쌍떡잎식물은 이 문제를 앞에서 이야기한 '어긋나기'를 통해 해결합니다. 어긋나기는 식물의 잎이 줄기 1마디에 1장씩 붙는 형식이며, 잎의 부착점을 연결하면 나선 모양이 되기 때문에 '나선 잎차례'라고도 합니다. 이처럼 쌍떡잎식물은 어긋나기를 통해 위에 난 잎이 아래에 난 잎과 수직으로 겹쳐서 햇빛을 못 받게 되는 문제를 해결합니다. 줄기 1마디에 1장의 잎이 나면 잎과 잎 사이에 충분한 공간과 높이를 확보할 수 있습니다. 또 줄기를 중심으로 나선형으로 회전하며 잎이 나면 잎과 잎 사이에 햇빛을 받을 수 있는 적정 각도를 확보하게 됩니다. 그래서 태양의 위치에 따라 그 양은 다르지만 식물의 잎은 햇빛을 충분히 받으며 광합성을 할 수 있습니다.

　　이처럼 식물들은 햇빛을 두고 서로 다투는 것이 아니라, 수학적인 진화를 통해 햇빛을 고르게 나누며 건강하게 살아가는 방법을 찾아냈습니다.

식물의 잎 나기 방법

$\frac{1}{3}$개도 잎 나기

식물을 위에서 내려다보면 잎이 세 방향으로 난 것처럼 보이는 것이 있습니다. 그중 하나를 12시 방향으로 가정하면, 두 번째 잎은 4시 방향, 세 번째 잎은 8시 방향, 네 번째 잎은 다시 12시 방향으로 나오는 것을 확인할 수 있습니다.

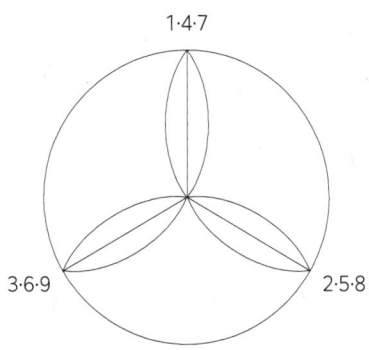

처음 나온 잎을 1번이라고 하면, 1번과 4번 그리고 7번 잎은 위에서 내려다보면 같은 방향으로 잎이 나오는 것을 확인할 수 있습니다. 같은 원리로 2번과 5번, 8번 잎이 같은 방향으로 나온 잎이고, 3번과 6번, 9번 잎도 같은 방향으로 잎이 나옵니다.

잎이 이런 방식으로 어긋나기를 하며 나선형으로 회전하며 나오면 1번과 4번 잎 사이에 일정 공간을 확보할 수 있어 잎들은 고르게 햇빛을 받으며 광합성을 할 수 있습니다.

이러한 식물의 잎 나기를 수학적으로 표현한 것이 $\frac{1}{3}$개도입니다. 잎이 세 방향으로 나기 때문에 세 잎의 각각의 사잇각은 120°(360°÷3=120°)가 됩니다. 잎이 120°씩 시계 방향으로 회전하며 나는 것입니다.

$\frac{2}{5}$개도 잎 나기

사과나무와 벚나무, 고무나무의 잎을 위에서 보면 다섯 방향으로 난 잎을 확인할 수 있습니다. 이러한 식물의 잎 나기를 수학적으로 표현한 것이 $\frac{1}{5}$개도입니다. 잎이 72°씩 시계 방향으로 이동하며 나오는 것입니다. 하지만 $\frac{1}{5}$개도로 잎이 나는 식물을 찾기란 매우 어렵습니다. 자연에서 쉽게 찾아볼 수 있는 식물의 잎 나기는 $\frac{2}{5}$개도입니다.

다섯 방향으로 난 식물의 잎

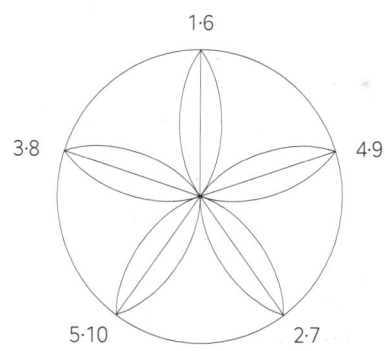

$\frac{2}{5}$개도는 위의 그림처럼 360°인 원을 5등분했을 때, 2칸씩 이동하며 잎이 나고 그렇게 2번 회전하며 총 5장의 잎이 나는 것입니다.

12시 방향에서 1번 잎이 나면, 시계 방향으로 2칸 이동한 자리에 2번 잎이 납니다. 다시 2칸 이동해서 3번 잎이 나고, 4번과 5번 잎도 마찬가지로 2칸씩 이동해서 납니다. 이렇게 시계 방향으로 2번 회전하며 잎이 나면 처음 1번 잎이 난 12시 방향에서 다시 6번 잎이 나게 됩니다.

$\frac{2}{5}$개도 잎 나기는 1번 잎과 6번 잎이 같은 위치에서 나기 때문에 6번 잎이 1번 잎이 받아야 할 햇빛을 가리게 됩니다. 그러나 1번 잎과 6번 잎 사이에는 2번 회전한 공간이 있어 햇빛을 고르게 받을 수 있습니다. $\frac{2}{5}$개도는 $\frac{1}{3}$개도보다 2장의 잎이 더 나서 그만큼 햇빛을 고르게 받기 어렵습니다. 그러나 식물들은 2칸씩 이동해서, 2번 회전하며 잎이 나는 수학적 방법을 통해 잎들 사이에 충분한 공간을 확보해 광합성을 할 수 있게 진화했습니다.

$\frac{2}{5}$개도는 360°인 원을 5등분한 형태여서 72°마다 잎이 나는 것처럼 보이지만, 실제로는 2칸씩 이동하며 잎이 나기 때문에 144°마다 새로운 잎이 나는 것입니다.

$\frac{3}{8}$개도 잎 나기

$\frac{3}{8}$개도 잎 나기를 위에서 보면, 이리저리 제멋대로 잎이 난 것처럼 보입니다. 그러나 자세히 살펴보면 불규칙함 속에 규칙이 숨어 있습니다. 우리 주변에서 흔히 볼 수 있는 장미와 배나무가 $\frac{3}{8}$개도 잎 나기를 하는 식물입니다.

$\frac{3}{8}$개도 잎 나기는 360°인 원을 8등분했을 때, 3칸씩 이동하며 잎이 나고, 그렇게 3번 회전하며 8장의 잎이 나는 것입니다. 그래서 45°마다 잎이 난 것처럼 보이지만 3칸씩 이동해서 잎이 나기 때문에 135°마다 새로운 잎이 나오게 됩니다.

$\frac{3}{8}$개도는 $\frac{2}{5}$개도보다 더 발전된 잎 나기라고 볼 수 있습니다. $\frac{2}{5}$개도는 2번 회전해서 6번 잎과 1번 잎이 같은 위치가 되지만, $\frac{3}{8}$개

여덟 방향으로 난 식물의 잎

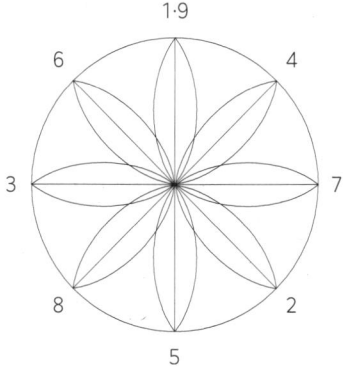

도에서는 3번 회전해서 9번 잎과 1번 잎이 같은 위치가 되기 때문입니다. 그만큼 같은 위치에서 나는 잎 사이의 간격이 크기 때문에 아래에 있는 잎도 햇빛을 충분히 받을 수 있습니다.

$\frac{5}{13}$ 개도 잎 나기

아몬드와 선인장은 $\frac{5}{13}$개도 잎 나기를 하는 식물입니다. 다만 잎이 나는 각도가 정확하게 지켜지지는 않습니다. 식물의 잎 나기는 정확한 각도로 잎이 나는 것이 아닙니다. 태양의 위치와 햇빛의 양 등 주변 환경의 영향에 따라 잎이 나는 방향과 각도는 조금씩 달라질 수 있습니다. 따라서 '그런 경향이 있다'라는 표현이 정확할 것입니다.

생태계는 복잡계로서 여러 가지 변화와 변종이 있을 수 있습니다. 생태계에서 규칙을 찾을 때는 예외까지도 포함해야 하기 때문에 유연하고 폭넓은 사고가 필요합니다.

수학 지식

각도와 분수

| 연관 단원 | 측정 (4학년) |

각도는 방향과 회전하는 양을 나타내는 데 사용됩니다. 우리가 사용하는 시간도 각도의 원리를 사용하고 있습니다.

반원 모양의 각도기는 180°까지 표시되어 있고, 원 모양의 각도기는 360°까지 표시되어 있습니다. 각도는 360°를 기준으로 하고 있기 때문입니다.

각도의 기준은 왜 360°일까요?

학자들은 태양을 관측하면서 '360'이라는 수가 사용되

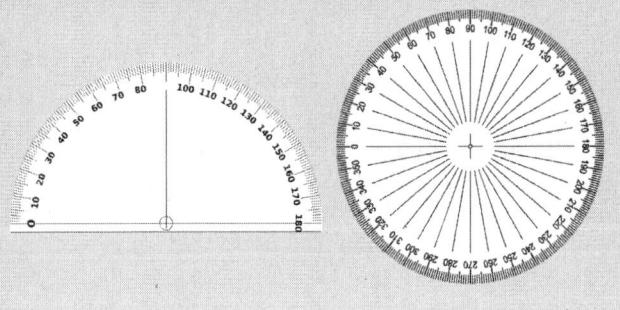

었을 것이라고 추측합니다. 인류의 문명이 발달하면서 사람들은 해와 달을 관측했습니다. 그 결과 1달은 30일로, 1년은 12달로 구분했습니다. 그래서 1년은 360일이 되었습니다.

　이후 천문학이 발전하면서 1년은 365일이라는 것을 관측을 통해 알게 됩니다. 정확하게는 365.25일이어서 사람들은 나머지 0.25일을 계산하기 위해 윤년을 만들게 됩니다. 0.25일이 4번 반복되면 하루가 됩니다. 그래서 28일까지 있는 2월을 4년마다 29일로 하루를 더 만들어 정확하게 날짜를 계산할 수 있게 되었습니다.

　이처럼 1년은 365일로 변했지만, 각도는 360°를 기준으로 지금까지 사용하고 있습니다.

각도의 분류

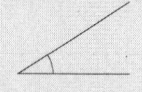
예각 : '날카로운 각'이라는 뜻으로 끼인각이 0°와 90° 사이에 있는 각입니다.

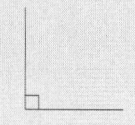
직각 : '수직인 각'이라는 뜻으로 끼인각이 90°입니다.

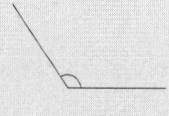
둔각 : '뭉툭한 각'이라는 뜻으로 끼인각이 90°와 180° 사이에 있는 각입니다.

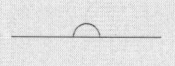
평각 : '평평한 각'이라는 뜻으로 끼인각이 180°입니다.

도형의 내각의 합

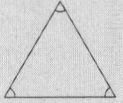
삼각형은 세 각의 합이 180°입니다.

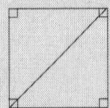
사각형은 삼각형 2개로 만들어져 네 각의 합은 360°입니다.

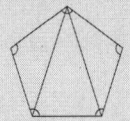
오각형은 삼각형 3개로 만들어져 다섯 각의 합은 540°입니다.

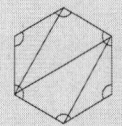
육각형은 삼각형 4개로 만들어져 여섯 각의 합은 720°입니다.

각도의 덧셈과 뺄셈

각도는 덧셈과 뺄셈이 가능합니다.
$200° + 180° = 380°$

하지만 각도는 360°를 기준으로 하고 있기 때문에 $380° = 20°$라고 할 수 있습니다. 380°와 20°는 같은 위치와 방향을 나타내기 때문입니다.

식물의 잎 나기에서 $\frac{1}{3}$개도를 보면 1번 잎을 기준으로 4번 잎은 360°, 7번 잎은 720° 이동해서 잎이 난 것이지만 위에서 보면 모두 같은 위치에 있습니다. 그래서 360°만큼 더하거나 빼도 각도가 나타내는 위치는 같습니다.

| 연관 단원 | **수와 연산**(3~4학년) |

1보다 작은 양을 표현하기 위해 분수가 사용되기 시작했습니다. $\frac{2}{5}$는 전체를 똑같이 5개로 나눈 것 중 2개라는 뜻입니다. 5를 분모라고 하고, 2를 분자라고 합니다.

$\frac{3}{5} > \frac{2}{5}$: 분모가 같은 두 분수는 분자가 큰 것이 더 큰 수입니다.

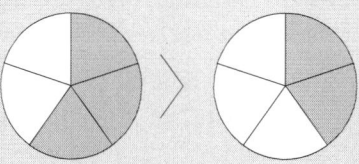

$\frac{1}{3} > \frac{1}{4}$: 분자가 같은 두 분수는 분모가 큰 것이 더 작은 수입니다.

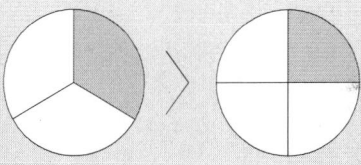

$\frac{2}{7} + \frac{3}{7} = \frac{5}{7}$: 분모가 같은 두 분수는 분자끼리 덧셈과 뺄셈이 가능합니다.

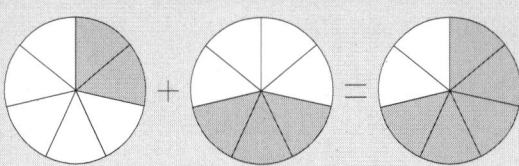

효율적인 잎 나기

| 연관 단원 | **식물의 한살이**(4학년 과학) |

식물은 서로 어긋나게 잎이 납니다. 위에 있는 잎이 밑에 있는 잎을 가리지 않아야 햇빛을 받아 광합성을 할 수 있기 때문입니다. 앞에서 살펴본 $\frac{1}{3}$개도, $\frac{2}{5}$개도, $\frac{3}{8}$개도 잎 나기가 얼마나 효율적인 잎 나기 방법인지 확인해 봅시다.

| 생각 문제 | $\frac{1}{3}$개도, $\frac{2}{5}$개도, $\frac{3}{8}$개도에 각각 같은 크기의 나뭇잎 9장을 붙였습니다. 위에서 내려다볼 때 나뭇잎이 많이 보이는 것이 광합성을 더 잘할 수 있습니다. 이 중 광합성을 가장 잘할 수 있는 것은 무엇일까요?

부록 〈함께 하는 실험〉(146쪽)을 통해 문제를 해결해 봅시다. |

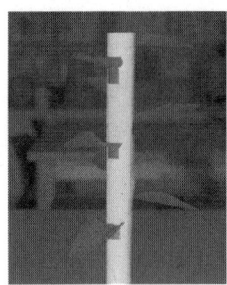 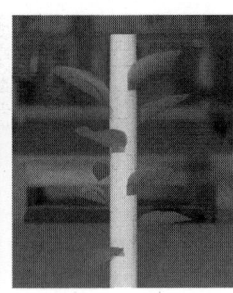 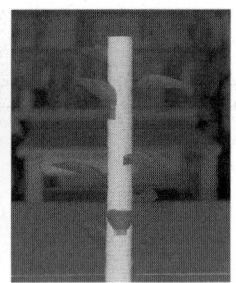

$\frac{1}{3}$개도, $\frac{2}{5}$개도, $\frac{3}{8}$개도 잎 나기. 모형을 옆에서 본 모양

옆에서 보면 3개의 모형이 햇빛을 잘 받고 있는지 알기 어렵습니다.

$\frac{1}{3}$개도, $\frac{2}{5}$개도, $\frac{3}{8}$개도 잎 나기 모형을 비스듬히 내려다본 모양

위에서 비스듬하게 내려다보면, $\frac{1}{3}$개도는 세 방향으로 같은 위치에 각각 3장의 잎이 나지만, 실제 보이는 잎은 7장입니다. $\frac{2}{5}$개도는 다섯 방향으로 잎이 나지만, 네 방향은 같은 위치에 각각 2장씩 잎이 나고, 나머지 한 방향만 1장의 잎이 납니다. 그러나 눈으로 확인할 수 있는 잎은 $\frac{1}{3}$개도처럼 7장입니다. $\frac{3}{8}$개도는 여덟 방향으로 잎이 나며, 1번과 9번 잎만 같은 위치에서 나고 나머지는 모두 다른 위치에서 납니다. 따라서 눈으로 확인할 수 있는 잎은 8장으로 가장 많습니다.

$\frac{1}{3}$개도, $\frac{2}{5}$개도, $\frac{3}{8}$개도 잎 나기 모형을 수직으로 내려다본 모양

잎 나기 모형을 위에서 수직으로 내려다보았습니다. 각각 9개의 나뭇잎을 붙였지만, $\frac{1}{3}$개도는 3장의 잎을 볼 수 있습니다. $\frac{2}{5}$개도는 5장, $\frac{3}{8}$개도는 8장의 잎을 볼 수 있습니다. 같은 위치에서 나는 나뭇잎을 위에서 수직으로 내려다보면 잎들이 서로 겹쳐져 1장으로 보이기 때문입니다.

잎의 크기가 모두 같다고 가정하고 $\frac{1}{3}$개도를 기준 값으로 각 개도의 광합성 비율을 계산해 보겠습니다. $\frac{3}{8}$개도는 잎이 8장 보이지만, 겹치는 부분을 고려해서 7장으로 계산합니다.

$\frac{1}{3}$ 개도의 값 = 1

$\frac{2}{5}$ 개도는 5 ÷ 3 = 1.67

$\frac{3}{8}$ 개도는 7 ÷ 3 = 2.33

계산한 값을 보면, $\frac{2}{5}$개도는 $\frac{1}{3}$개도보다 1.67배 효율적이고 $\frac{3}{8}$개도는 $\frac{1}{3}$개도보다 2.33배 더 효율적으로 광합성을 할 수 있습니다. 따라서 $\frac{1}{3}$개도보다는 $\frac{2}{5}$개도가, $\frac{2}{5}$개도보다는 $\frac{3}{8}$개도가 더 발전된 잎 나기라는 것을 확인할 수 있습니다.

$\frac{1}{5}$개도와 $\frac{2}{5}$개도 중 어떤 것이 더 나은 잎 나기일까?

식물이 싹을 틔우고 잎이 나고 자라는 것을 관찰해 보면 알 수 있습니다. 자연에서 $\frac{1}{5}$개도 잎이 나는 식물을 찾게 된다면 위 사진처럼 한쪽 방향으로 잎이 몰려 나는 모습일 것입니다. $\frac{2}{5}$개도는 잎이 여러 방향으로 고르게 나누어져 나고 성장하기 때문에 안정감이 있지만, $\frac{1}{5}$개도는 한쪽 방향으로 잎이 몰려 나기 때문에 바람이 그 방향으로 심하게 불면 넘어지거나 줄기가 꺾일 수 있습니다. 식물이 성장하고 줄기가 튼튼해지면 큰 문제가 되지 않지만, 줄기가 약할 때는 $\frac{2}{5}$개도가 $\frac{1}{5}$개도보다 성장하는 데 유리하다고 할 수 있습니다. 그래서 공원이나 산에서 식물을 관찰해 보면 $\frac{1}{5}$개도는 찾기 힘들고 $\frac{2}{5}$개도는 쉽게 찾을 수 있습니다.

3장. 식물의 한살이를 관찰하는 상자 텃밭

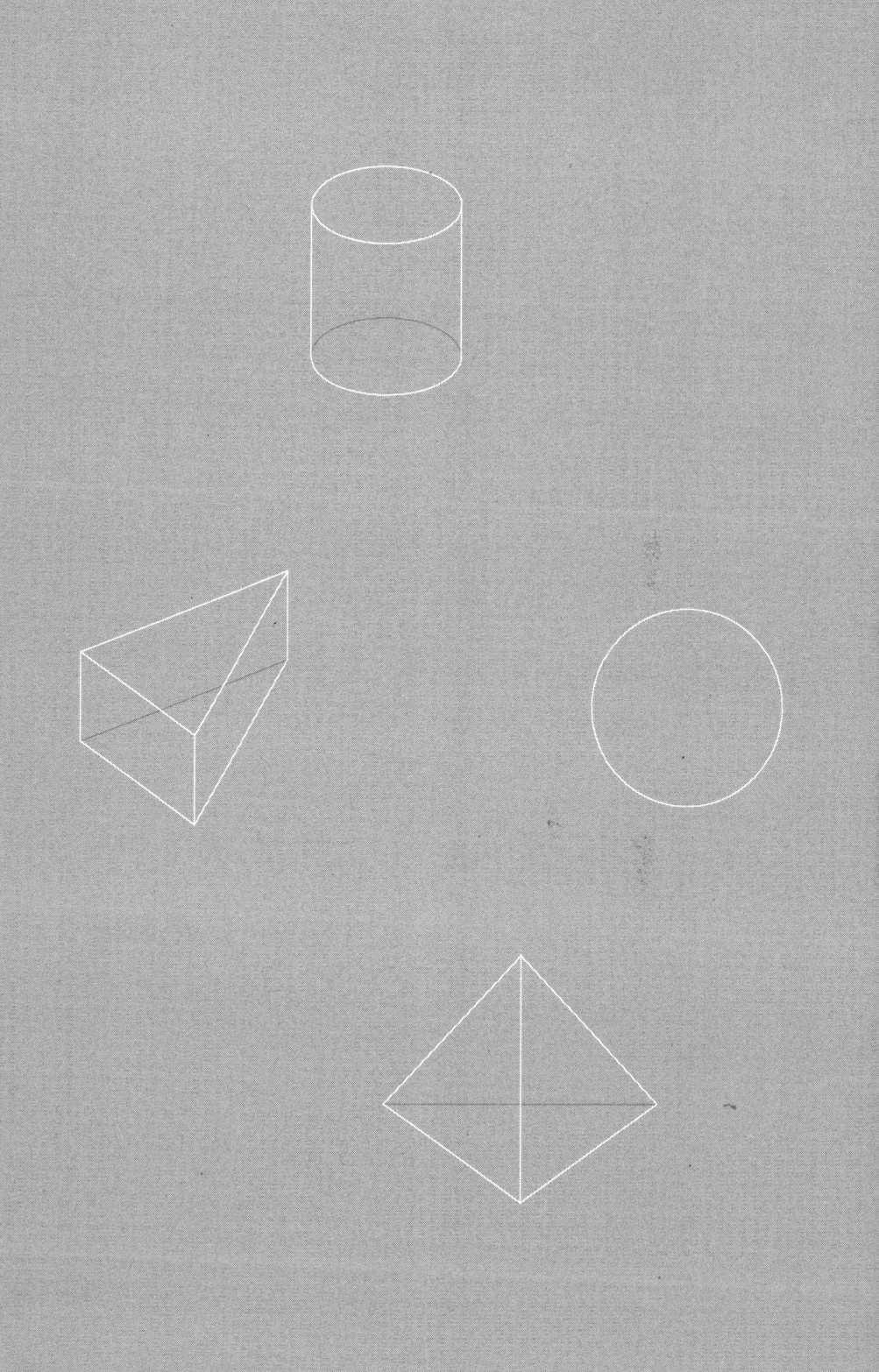

식물의 한살이를 관찰하는 상자 텃밭

식물의 한살이 패턴

대부분의 식물은 씨앗에서 싹을 틔우고 성장해 꽃을 피우고 수분을 해 새로운 씨앗을 만든 후 생을 마칩니다. 씨앗에서 출발해서 다시 씨앗으로 돌아가는 순환의 과정을 거듭하는 것입니다. 하지만 처음 씨앗과 나중 씨앗은 같고도 다릅니다. 무엇이 같고 또 무엇이 다른지 식물의 한살이 패턴을 통해 알아봅시다.

자연 생태에 대한 관찰은 단편적인 분석보다는 시간의 흐름에 따른 변화를 찾아내는 것이 중요합니다. 하나의 대상을 꾸준하게 관찰하는 과정 속에서 패턴을 찾아낼 수 있기 때문입니다.

풀과 나무는 같은 식물이지만 성장 패턴이 다릅니다.

한해살이 풀은 다음과 같은 성장 패턴을 발견할 수 있습니다.

씨앗의 발아 - 잎의 성장과 광합성 - 꽃의 개화와 수분 - 열매의 성숙과 퍼짐

한 해 동안 성장과 열매의 퍼짐까지 마쳐야 하는 한해살이 풀들은 대부분 이러한 성장 패턴을 가지고 있습니다. 씨앗의 발아에서부터 패턴이 시작되는 것입니다. 반면 나무는 잎의 성장 또는 꽃의 개화에서부터 패턴을 시작합니다.

꽃의 개화와 수분(잎의 성장과 광합성) - 잎의 성장과 광합성(꽃의 개화와 수분) - 열매의 성숙과 퍼짐

개나리와 진달래, 벚꽃은 이전 해 가을에 양분을 저장하고 봄에 꽃부터 개화합니다. 학자들은 잎이 나기 전에 꽃이 피는 것은 곤충들이 더 쉽게 꽃을 발견할 수 있기 때문이라고 설명합니다. 수분을 더 잘하기 위한 나무의 전략이라고 추측하는 것입니다.

한살이 패턴을 관찰하는 상자 텃밭

학교에서 학생들과 식물의 한살이 패턴을 관찰하는 가장 좋은 방법은 상자 텃밭을 일구는 것입니다. 상자 텃밭을 만들어 식물을 키우다 보면 꽃이 피고 벌과 나비 등 여러 곤충들이 찾아옵니다. 도시에서 상자 텃밭을 가꾸는 것은 작은 생태계를 만드는 소중한 일입니다. 그 작은 생태계를 일구고 관찰하는 동안 학생들의 생태 감수성도 키울 수 있습니다. 이러한 상자 텃밭이 많아지면 식물과 곤충들이 텃밭들을 연결해서 도시 속의 '생태 길'을 만들 수 있습니다.

상자 텃밭 만들기

땅 찾기

도시의 학교는 농사지을 땅을 확보하기가 어렵습니다. 간혹 학교 텃밭을 만들어 둔 곳도 있지만 운동장을 제외하고는 대부분 아스팔트와 콘크리트, 보도블록으로 온통 뒤덮여 있습니다. 건물과 건물 사이 같은 곳은 햇빛이 잘 들지 않아 농사를 지을 수 없습니다. 화단을 텃밭으로 바꾸지 않는 한 자투리땅조차 얻기 힘든 형편입니다. 그렇게 볕이 잘 들고 넓고 좋은 장소를 찾다 보면 건물 옥상이 대안으로 떠오르게 됩니다. 옥상은 햇빛이 잘 들고 바람도 잘 통해서 텃밭을 만들기 좋은 장소이기 때문입니다.

해시계로 남쪽 찾기

텃밭은 햇빛을 잘 받을 수 있는 남쪽을 향해 만들어야 합니다. 2장에서 배운 각도를 이용해 해시계를 만들어 측정해 보면 남쪽 방향을 쉽게 찾을 수 있습니다.

- 옥상에 나무 막대를 수직으로 세웁니다.
- 9시부터 15시까지 쉬는 시간마다 나무 막대의 그림자 끝을 분필로 표시합니다.
- 점심시간에는 시작할 때와 끝날 때 표시합니다.
- 3일간 표시한 그림자 중에 가장 짧은 그림자를 찾습니다.
- 측정이 정확하다면 12시와 13시 사이에 표시한 그림자의 길이가 가장 짧을 것입니다. 그 그림자의 끝이 북쪽이고 반대쪽이 남쪽입니다.

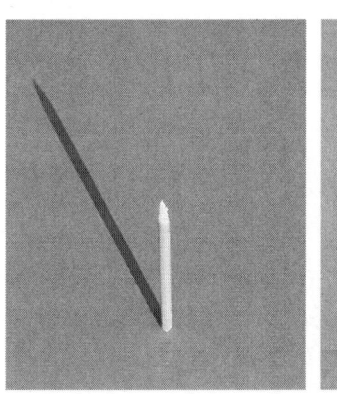 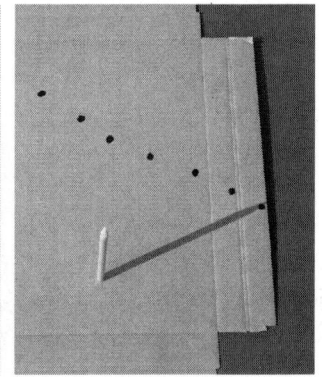

우리나라는 동경 135° 표준시를 사용해서 서울 기준 12시 36분에 해가 정남 방향에서 가장 높이 뜨고, 그때 그림자의 길이가 가장 짧다.

측정과 기록하기

식물의 성장과 관련된 기후 조건을 매일 측정하고 기록하는 것은 매우 의미 있는 작업입니다. 주별이나 월별로 자료를 정리하면 살아 있는 통계 자료를 얻을 수 있습니다. 이런 소중한 자료가 매년 쌓이고 10년 이상 기록되면 훌륭한 지역 자료가 될 수 있습니다. 상자 텃밭에서 측정하고 기록해야 할 내용은 다음과 같습니다.

- 날씨와 기온 : 맑음, 흐림, 비와 같은 날씨의 변화와 기온을 측정하고 기록합니다. 9시와 12시, 15시 하루 3회 측정합니다.
- 일조량 : 9시부터 15시까지 시간별로 일조량을 측정합니다. 맑아서 해를 볼 수 있으면 1, 절반은 0.5, 흐려서 해를 볼 수 없으면 0으로 표시합니다.
- 강수량 : 비가 올 때마다 강수량을 측정 기록합니다.
- 해시계 : 해시계의 끝을 뾰족하게 만들어 24절기마다 9시, 12시, 15시의 그림자 끝을 표시합니다.

상자 텃밭과 흙

상자 텃밭은 방부목으로 만든 것을 사용하는 것이 좋습니다. 일반 목재를 사용할 경우 장마철을 지나면서 목재가 썩을 수 있습니다. 옥상 상자 텃밭의 경우 건물을 위해 무게를 줄이는 게 중요합니다. 부엽토에 거름을 섞어 사용하면 흙의 무게를 줄일 수 있고 재배하는 식물도 잘 자랍니다.

옥상에 만든 상자 텃밭

상자 텃밭에 재배하면 좋은 식물

상자 텃밭에는 열매 식물과 콩이 잘 어울립니다. 토종 씨앗을 심는 것도 좋습니다. 열매 식물로는 방울토마토, 고추, 가지, 오이 등을 심으면 좋습니다. 상추, 치커리, 케일과 같은 쌈 채소는 밑에서부터 따 먹어도 계속 자라나는 것을 관찰할 수 있습니다. 가을에는 배추를 심어 김치를 담글 수 있습니다.

방울토마토

고추

콩을 심을 때는 완두콩과 강낭콩, 작두콩이 좋습니다. 생명력이 강해 쉽게 기를 수 있고 관찰도 용이합니다. 타고 올라갈 수 있는 지지대를 만들어 주면 하루마다 성장하는 것이 눈에 보이는 덩굴손을 관찰할 수 있습니다. 콩 열매가 다 자라고 관찰이 끝나면 요리도 할 수 있습니다. 또 남은 씨앗은 잘 보관했다가 다음 해에 옥상 텃밭에 다시 심을 수 있습니다.

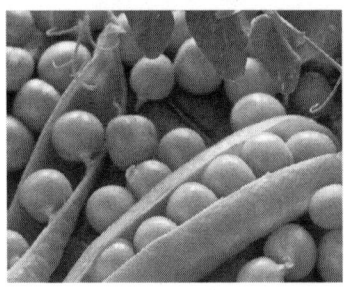
완두콩

작두콩

벼농사도 지을 수 있는데 큰 고무 함지박이 필요합니다. 함지박 안에 진흙을 담고 물을 충분히 넣어 준 후 5월에 모내기를 하면 9월 말이나 10월쯤 벼를 수확할 수 있습니다.

논을 만들면 물벼룩과 같은 수생 동물들을 관찰할 수 있고, 경우에 따라서는 올챙이도 관찰할 수 있습니다. 관찰을 쉽게 하기 위해, 어항처럼 투명한 아크릴 통에 벼를 키우면 뿌리의 자람과 물속 생물들이 활동하는 모습도 더 잘 관찰할 수 있습니다.

상자 텃밭을 처음 시작할 때는 학생들과 함께 시농제를 지내며 농사의 의미를 배우고, 열매와 씨앗을 거둘 때는 추수제를 통해 식물과 농부들에 대한 고마움을 느끼며 한 해 농사를 매듭짓는 것이 좋습니다.

식물이 성장할 때, 매일 들여다보고 있으면 성장하는 것을 느끼기 어려울 수 있습니다. 매일 관찰하면서 일주일 단위로 관찰 기록을 정리하면 좋습니다. 그림과 사진, 글로 정리하면 훌륭한 자연 관찰 기록이 되고, 이를 토대로 식물의 성장 패턴을 분석하고 찾을 수 있습니다.

상자 텃밭 작물 시간표 만들기

상자 텃밭에 열매를 맺는 작물을 키울 때에는 모종을 옮겨 심는 것이 좋습니다. 싹이 잘 트는 콩과 식물과 모종을 구하기 어려운 토종 씨앗은 씨를 직접 심는 것이 좋습니다. 씨를 뿌리는 작물은 발아가 되지 않는 경우도 있으니 넉넉하게 뿌리고 싹을 틔우면 옮기거나 솎아 줍니다. 벼는 모판에 심어 모내기를 하는 것이 좋습니다.

텃밭 농사는 재배 시기와 수확 시기를 고려해서 언제, 어떤 작물을 재배하는 게 적합할지를 결정하면 좋습니다. 학생들끼리 토론을 통해 작물을 선정해도 좋습니다. 텃밭 상자의 크기를 생각해서 봄에 심어 여름에 수확하고, 다시 늦여름에 심어 늦가을에 수확할 수 있는 작물을 심는 것이 효율적입니다. 그리고 쌈 채소와 대파, 시금치, 부추는 여러 번 심을 수 있는 작물이니 잘 활용하면 좋습니다.

학교에서 옥상 텃밭을 운영할 경우에는 모둠별로 다른 작물을 선택해서 심는 시기와 수확 시기를 달리하면 좋습니다. 좁은 상자 텃밭 안에서 다양한 식물들의 성장 패턴을 볼 수 있기 때문입니다.

모둠별로 상자 텃밭 관찰 일지를 만들고, 그것을 모아 학급별 상자 텃밭 관찰 일지를 만들어 다양한 식물의 성장 패턴을 찾아봅시다.

텃밭 작물 농사 월령표

아래 농사 월령표는 중부 지방 노지 재배를 기준으로 만든 것입니다. 남부 지방 봄 작물은 중부 지방보다 2~3주 먼저 심을 수 있고, 가을 작물은 2~3주 늦게 심을 수 있습니다.

절기	피는 꽃	씨뿌리기	옮겨심기	거두기
소한(1월 6일)				
대한(1월 21일)				
입춘(2월 4일)				
우수(2월 19일)	매화	고추		
경칩(3월 6일)		쑥갓, 가지		
춘분(3월 21일)	목련, 개나리	호박, 고구마, 감자		
청명(4월 5일)	진달래	토마토, 오이, 참외		
곡우(4월 20일)	철쭉, 유채	수박, 들깨, 목화	가지	
입하(5월 5일)	아카시아		고추, 호박, 오이, 봄배추	
소만(5월 21일)	백일홍	참깨, 무	토마토, 수박, 참외, 고구마, 들깨, 벼	
망종(6월 6일)	장미	시금치		양파
하지(6월 21일)	밤꽃	메주콩		봄배추, 마늘
소서(7월 7일)	무궁화		부추	보리, 감자

대서(7월 23일)				옥수수
입추(8월 7일)	코스모스	가을배추		
처서(8월 23일)	칡꽃	양파, 무		
백로(9월 7일)	싸리 꽃	시금치	가을배추	목화
추분(9월 23일)	국화	상추, 부추		
한로(10월 8일)	갈대, 억새	마늘		벼
상강(10월 23일)			상추, 양파	메주콩, 호박
입동(11월 7일)				고구마
소설(11월 22일)				가을배추
대설(12월 7일)				
동지(12월 22일)				

생각 문제

상자 텃밭에 심을 작물을 선택하는데 모둠별로 심고 싶은 작물이 다 다릅니다. 상자 텃밭은 8개이고, 모둠별로 원하는 작물은 다음과 같습니다. 텃밭을 효과적으로 사용할 수 있는 방법을 찾아봅시다.

1모둠 : 호박, 목화, 메주콩, 고추
2모둠 : 감자, 고구마, 가을배추, 무
3모둠 : 부추, 상추, 양파, 토마토, 가지

참고 상자 텃밭은 각 상자마다 한 번에 한 종류의 작물만 재배할 수 있고, 수확한 다음에는 다른 작물을 재배할 수 있습니다.

이 문제를 해결하기 위해서는 농사 월령표를 참고해서 씨뿌리기와 옮겨심기, 거두기를 먼저 살펴보아야 합니다. 그런 후 작물의 성장 기간과 수확 시기를 고려해 재배하면 8개 상자 텃밭에 13개 작물

을 재배할 수 있습니다. 두 번째 심는 작물은 씨를 뿌리지 않고 모종으로 옮겨심기를 하면 수확 시기를 단축할 수 있습니다.

텃밭 상자별 작물 재배

날짜	1	2	3	4	5	6	7	8
3월					감자			
4월		목화			감자			가지
5월	호박	목화		고구마	감자	토마토	고추	가지
6월	호박	목화	메주콩	고구마	감자	토마토	고추	가지
7월	호박	목화	메주콩	고구마	감자	토마토	고추	가지
8월	호박	목화	메주콩	고구마	무	토마토	고추	가지
9월	호박	배추	메주콩	고구마	무	양파	상추	부추
10월	호박	배추	메주콩	고구마	무	양파	상추	부추
11월		배추			무	양파	상추	부추

봄에 모종으로 심어 일찍 성장하는 것과 가을에 모종으로 심을 수 있는 것을 텃밭 하나에 교대로 심어야 효과적으로 이모작을 할 수 있습니다. 호박과 고구마, 메주콩은 성장 시기가 길어 다른 것과 같이 재배하기 어렵습니다. 반면 성장 시기가 짧은 목화, 감자, 토마토, 고추, 가지는 먼저 심어 수확한 후 배추, 무, 양파, 상추, 부추를 다시 심어서 재배할 수 있습니다.

상자 텃밭에 농사를 짓는 동안 모둠별로 관찰 일지를 작성하며 각 작물의 성장 패턴을 찾아봅니다. 관찰 일지는 씨앗의 발아, 줄기와 잎의 성장, 개화와 수분, 열매의 성숙과 퍼짐으로 단계를 나누어 작성합니다. 날씨, 온도와 습도는 매일 기록하고 전날과 달라진 내용은 글과 그림, 사진 등으로 다양하게 표현해 보는 활동도 진행합니다.

일주일 또는 한 달에 한 번 기록된 내용을 바탕으로 집중 토론을 통해 작물의 성장 패턴을 찾아봅니다. 각 모둠별로 정리된 내용을 반 전체가 공유하면서 재배한 식물들의 유사점과 차이점을 발견하고 일반적인 패턴을 찾아봅니다. 이때 각 모둠별로 식물도감을 참고할 수 있게 제공하면 좋습니다.

수학 지식

입체 도형

연관 단원	입체 도형의 부피 (6학년)

각기둥의 부피는 '밑넓이×높이'입니다.
사각기둥의 부피는 '가로×세로×높이'입니다.
원기둥의 부피는 '반지름×반지름×3.14×높이'입니다.

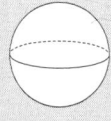

구 : 공간의 한 점에서 같은 거리에 있는 점들의 모임으로 반원의 지름을 회전축으로 1회 전시킨 입체 도형 → 탁구공

원기둥 : 위와 아래에 있는 면이 서로 평행하고 합동인 원으로 만들어진 입체 도형 → 김밥

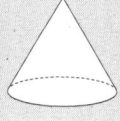

원뿔 : 밑면이 원이고 평행하는 윗면은 한 점으로 이루어진 입체 도형 → 콘아이스크림

 **삼각기둥** : 위와 아래에 있는 면이 서로 평행하고 합동인 삼각형으로 이루어진 입체 도형 → 삼각김밥

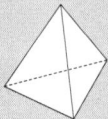 **삼각뿔** : 밑면은 삼각형이고 평행하는 윗면은 한 점으로 이루어진 입체 도형 → 커피 우유

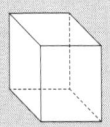 **사각기둥** : 위와 아래에 있는 면이 서로 평행이고 합동인 사각형으로 이루어진 입체 도형 → 컨테이너

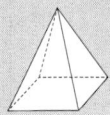 **사각뿔** : 밑면은 사각형이고 평행하는 윗면은 한 점으로 이루어진 입체 도형 → 피라미드

상자 텃밭의 측정

학교 옥상에 상자 텃밭을 만들 때 상자의 크기와 높이를 다르게 만드는 게 좋습니다. 뿌리가 얕은 식물은 높이가 낮은 상자에 키우고, 뿌리가 깊은 식물은 높이가 높은 상자에서 키워야 하기 때문입니다. 텃밭 상자의 크기는 다양하지만, 기성품으로는 '가로×세로×높이'가 90×90×35cm, 160×45×45cm, 90×90×90cm 세 종류가 있습니다.

생각 문제	옥상 텃밭에 90×90×35cm 크기 상자 5개, 160×45×45cm 크기 상자 3개, 90×90×90cm 크기 상자 2개를 설치했습니다. 10개의 상자에 들어갈 흙은 얼마나 필요할까요?
	참고 흙 1포대는 50ℓ입니다. 1ℓ는 1,000cm³입니다.

상자에 담기는 흙의 용량
(90×90×35×5 + 160×45×45×3 + 90×90×90×2) ÷ 1,000 = 3,847.5

상자 10개에 필요한 흙은 3,847.5ℓ입니다. 따라서 주문해야 할 흙 포대의 개수는 '3,847.5ℓ ÷ 50ℓ = 76.95', 즉 77포대를 주문해야 합니다.

생각 문제	옥상 텃밭에서 고무로 만든 커다란 함지박에 진흙을 넣어 벼를 키우려고 합니다. 함지박의 크기는 안쪽 바닥면이 가로 100cm, 세로 60cm, 높이 40cm입니다. 함지박 안에 진흙을 30cm 높이까지 채우려고 합니다. 진흙은 얼마나 넣어야 할까요?
	조건 1. 진흙 1포대는 20ℓ입니다. 2. 실제 함지박은 바닥면과 윗면의 넓이가 서로 다르지만 문제에서는 동일한 것으로 계산합니다.

함지박의 평면도를 그려서 계산하면 좋습니다. 왼쪽과 오른쪽은 반원으로 두 개를 합치면 원이 됩니다. 두 반원 사이는 직사각형입니다.

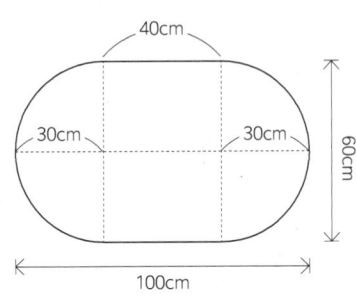

고무 함지박   함지박 평면도

반원 부분의 넓이 : $30 \times 30 \times 3.14 = 2,826 cm^2$
직사각형의 넓이 : $40 \times 60 = 2,400 cm^2$
함지박의 들이 : $(2,826 + 2,400) \times 30 \div 1,000 = 156.78 ℓ$

벼를 키울 진흙은 156.78ℓ가 필요합니다. 20ℓ짜리 진흙 8포대를 함지박에 부으면 30cm까지 진흙을 채울 수 있습니다. 벼를 키울 때는 물을 충분히 담아서 키워야 하고 수확하기 전에 물을 빼 줍니다.

사과와 바나나는 모양이 왜 다를까?

구는 중심에서 표면까지 거리가 같은 입체 도형입니다. 그리고 원기둥은 구를 한쪽 방향으로 길게 늘여 놓은 모양입니다. 과일은 대부분 구 모양입니다. 사과는 가지에 매달려 여러 방향으로 동시에 성장하기 때문에 자연스럽게 구 모양이 됩니다. 그렇지만 바나나는 원기둥 모양이 됩니다. 사과는 열매가 1개씩 열리기 때문에 여러 방향으로 성장할 수 있는 공간이 있지만, 바나나는 여러 개가 뭉쳐서 성장하기 때문에 한 방향으로만 성장하게 됩니다. 자연 상태에서 과일은 구 모양이나 약간 찌그러진 구 모양인 럭비공이나 원기둥과 같은 모양이 됩니다.

4장. 씨앗의 여행과 대칭

씨앗의 여행과 대칭

다음 세대를 이어 가는 씨앗

모든 생명체는 태어나서 성장하고 자신의 후손을 남기고 사라지게 됩니다. 동물은 알이나 새끼를 낳아 번식을 하고 식물은 씨앗을 만들어 다음 세대를 이어 가고 있습니다. 특히 식물은 동물처럼 이동할 수 없기 때문에 씨앗을 잘 퍼뜨리는 것이 가장 중요한 과업입니다.

　　씨앗에는 싹을 틔우고 자라서 꽃을 피우고 열매를 맺고 다시 씨앗을 만드는 전 과정의 성장 정보가 담긴 유전자가 존재합니다. 또 씨앗에는 발아하고 성장할 수 있도록 영양분도 함께 담겨 있습니다.

　　식물은 자신의 씨앗을 가능하면 멀리, 널리 퍼뜨리기를 원합니다. 또 많은 영양분을 다음 세대에게 전해 주려고도 합니다. 그렇지만 두 가지를 모두 만족시키는 씨앗을 찾기는 어렵습니다. 무게를 줄여 멀리 퍼뜨릴 수 있는 씨앗을 만들거나, 발아가 잘 될 수 있게 영양분이 많은 무거운 씨앗을 만들어야 합니다.

　　이러한 식물의 노력은 씨앗의 모양을 보면 확인할 수 있습니다. 다음 세대를 이어 가기 위한 식물의 노력과 지혜를 씨앗의 여행을 통해 살펴봅시다.

씨앗의 이동 방법

자손들에게 더 많은 영양분을 주거나 더 좋은 서식지를 주기 위해 씨앗은 다양한 형태로 발전합니다. 큰 씨앗으로는 코코넛 열매가 있고, 작은 씨앗으로는 민들레 홀씨가 있습니다.

코코넛

민들레

　　코코넛은 다음 세대의 씨앗이 발아해서 성장하는 데 필요한 영양분을 충분히 담기 위해 씨앗이 커졌습니다. 크기가 매우 커서 나무에서 떨어진 씨앗은 멀리 이동하지 못합니다. 그렇지만 열대 지방에는 태풍과 허리케인과 같은 열대성 저기압이 자주 발생합니다. 강한 바람과 파도는 해안가의 모든 것을 바다로 쓸어 가 멀리 운반합니다. 코코넛 열매는 바닷물로부터 씨앗을 보호할 수 있고 가라앉지 않아 둥둥 떠다니며 긴 여행을 할 수 있습니다. 그러다 해안가에 도착하면 코코넛 씨앗은 영양분을 이용해 싹을 틔우고 자라게 됩니다. 그래서 열대 지방의 해안가에는 코코넛이 많이 자생하고 있습니다.

　　씨앗의 크기가 작은 종류는 멀리 퍼져 나가고, 그중 성장하기 좋은 장소에 떨어진 씨앗들은 잘 자라게 됩니다. 씨앗에 많은 영양분을 저장하기보다는 가볍게 씨앗을 만들어 더 멀리 좋은 장소를 찾아 떠나는 방법으로 세대를 이어 갑니다.

　　이처럼 씨앗의 생존을 위한 방법은 여러 가지가 있습니다.

바람을 타고 멀리 퍼지는 씨앗

단풍나무, 민들레, 박주가리 씨앗은 바람을 타고 멀리 퍼집니다. 민들레나 박주가리 씨앗에는 갓털이 달려 있어 멀리 이동할 수 있습니다. 단풍나무 씨앗은 2개의 날개 모양의 꼬리가 프로펠러 역할을 해서 회전하며 날아갑니다. 씨앗이 충분히 성장하고 적당한 바람이 불면 어미 식물에게서 떨어져 나와 첫 비행을 시작합니다.

바람을 타고 멀리 퍼지는 씨앗은 식물의 확장 속도가 매우 빠릅니다. 우리가 도시에서 쉽게 볼 수 있는 노란 꽃의 민들레는 대부분 원산지가 유럽인 귀화종입니다. 우리나라에 처음 들어올 때는 좁은 지역에서만 살았지만 퍼지는 속도가 빨라 같은 노란색 꽃을 피우는 토종 민들레를 밀어내고 한반도의 주요 서식종이 되었습니다.

민들레와 박주가리 씨앗은 옆에서 보면 항상 같은 모양인 회전 대칭입니다. 어떤 방향에서 바람이 불어와도 바람을 타고 멀리 날아갈 수 있도록 만들어졌습니다.

다른 동물에 붙어서 멀리 퍼지는 씨앗

질경이나 도꼬마리 씨앗은 동물이나 사람 몸에 붙어 이동하며 서식지를 확장하는 식물입니다. 등산로 주변에서 질경이를 많이 볼 수 있습니다. 등산객의 다리나 신발에 붙어 등산로를 중심으로 영역을 확장하고 있는 것입니다. 유심히 살펴보면 등산로 주변에만 질경이가 있고 등산로에서 조금만 숲으로 들어가도 보이지 않습니다. 요즘에는 야생 동물보다 사람들에 의해서 씨앗이 이동한다고 추측해 볼 수 있습니다.

도꼬마리는 씨앗에 갈고리 모양의 걸쇠가 있습니다. 그래서 다른 동물들 특히 털이 있는 조류나 포유류에 묻어 씨앗이 멀리 이동합니다. 도꼬마리 씨앗의 모양은 방사 대칭이라고 볼 수 있습니다. 모든 방향으로 걸쇠가 솟아 있어 동물에 스치기만 해도 찰싹 달라붙어

떨어지지 않고 이동할 수 있습니다.

도꼬마리 씨앗을 유심히 관찰한 사람들이 재미있는 발명품을 만듭니다. 우리가 '찍찍이'라고 부르는 발명품인 벨크로의 모델이 도꼬마리입니다. 운동화나 겉옷을 입을 때 찍찍이가 부착되어 있으면 편리하게 사용할 수 있습니다.

도꼬마리 씨앗　　　　　　　　옷에 붙은 도꼬마리 씨앗

동물의 먹이가 되어 퍼지는 씨앗

대부분의 과일들이 이 방법을 사용합니다. 과일 나무는 영양가 많고 맛있는 과육을 만듭니다. 과일이 잘 익게 되면 까치나 원숭이, 코끼리와 같이 과일을 좋아하는 동물들이 찾아와 먹습니다.

맛있고 영양가 있는 과육을 가진 과일

과육 부분은 소화되지만 씨앗은 소화되지 않고 동물이 이동한 거리만큼 떨어진 지역에서 배설물과 함께 나와 퍼지게 됩니다. 동물의 배설물은 씨앗에게는 좋은 거름이 됩니다. 동물에게 먹히지만 멀리 이동해서 새로운 삶을 시작할 수 있으니 식물의 현명한 선택입니다.

회전 대칭에서 선대칭으로

지구의 생명체는 육지보다 바다에 먼저 나타났습니다. 초기의 생명체는 움직이지 못하거나 아주 느리게 움직일 수 있었습니다. 그래서 스스로 움직이는 것보다는 바닷물의 흐름에 따라 이동하게 됩니다.

해파리는 운동성이 약해 해류에 따라 떠밀려 다니면서 촉수로 먹이를 잡아먹습니다. 해파리의 모양을 보면 위와 아래의 구분은 있지만, 앞과 뒤, 왼쪽과 오른쪽은 구분할 수 없습니다. 자유롭게 움직일 수 없기 때문에 앞뒤, 좌우가 같아야 이동과 먹이 활동에 더 유리하기 때문입니다.

스스로 움직일 수는 있지만 그 속도가 빠르지 않은 불가사리는 몸에서 여러 개의 다리가 나온 형태입니다. 불가사리와 같은 모양을 방사 대칭 또는 회전 대칭이라고 합니다.

시간이 지나면서 스스로 움직일 수 있는 생명체들이 등장했습니다. 스스로 움직일 수 있으면 포식자로부터 달아날 수 있고, 먹이를 쉽게 먹을 수 있습니다. 이때 눈이 몸의 앞에 있고, 입도 앞에 있으면 편리합니다. 먹이를 먼저 보고 움직여서 입으로 먹는 것이 살아가는 데 가장 중요한 무기가 됩니다. 그래서 위와 아래만 있던 생명체에 앞과 뒤가 생깁니다. 이때부터 동물의 몸에 선대칭 모양이 나타나게 됩니다. 바닷속에서 이동하거나 육지에서 이동할 때에도 선대칭 모양의 몸을 가진 동물이 유리하기 때문입니다.

씨앗의 모양

벼와 밀은 낟알이 1개씩 열리지만 옥수수는 원기둥 모양의 옥수수자루에 사각형 또는 육각형 모양의 낟알이 한꺼번에 자랍니다. 꿀벌의 집과 같은 육각형 모양의 낟알이 성장하면 옥수수자루는 낟알로 빼곡해집니다.

벼나 밀은 낟알로 자라기 때문에 모든 방향으로 성장하면서 자랍니다. 물론 한쪽 방향으로는 영양을 공급받아야 하지만 다른 방향으로는 비교적 자유롭게 자랄 수 있습니다.

밀알

럭비공

만약 사과처럼 공중에 매달려 모든 방향으로 성장할 수 있다면 벼나 밀도 공 모양으로 자랄 것입니다. 그렇지만 주변에 다른 낟알도 같이 자라고 있어 양 끝으로 더 빨리 자라게 됩니다. 그래서 공 모양보다는 럭비공 같은 모양으로 성장하게 됩니다.

같은 크기일 때 가장 많은 영양분을 저장할 수 있는 모양은 공 모양이고 럭비공 모양도 직육면체나 원기둥보다 많은 영양분을 저장할 수 있습니다.

스스로 움직여야 하는 동물은 진행 방향을 대칭축으로 하는 선대칭 모양으로, 양분을 효율적으로 저장하는 것이 중요한 씨앗은 여러 방향으로 자라면서 구와 같이 선대칭인 동시에 회전 대칭인 모양으로 발전하게 되었습니다.

과일의 모양

과일은 풍선과 비슷한 방법으로 만들어져 모양도 비슷합니다. 공기를 불어 넣어 풍선을 만드는 것처럼 과일은 줄기에서 영양분을 공급받아 커집니다. 풍선과 과일은 공 모양 또는 원기둥 모양이 많습니다. 한 지점에서 모든 방향으로 고르게 성장하면 복숭아와 같은 공 모양의 열매가 열립니다. 한 방향으로 빠르게 성장하면 바나나와 같은 원기둥 모양의 열매가 만들어집니다. 하지만 어느 경우에나 단면의 모양은 원입니다.

복숭아의 종단면

바나나의 횡단면

사과와 같은 공 모양의 과일들 중에는 단면이 두가지 대칭을 이루는 경우도 있습니다. 사과의 종단면은 선대칭 모양입니다. 그렇지만 사과의 횡단면은 회전 대칭 모양입니다. 사과는 위와 아래의 구분은 있지만 앞과 뒤, 좌우측의 구분은 없습니다. 모든 방향으로 고르게 성장하는 열매의 특성 때문에 종단면의 모양과 횡단면의 모양이 다르게 생겼습니다.

과일의 씨앗은 곡식의 씨앗과 닮았지만 더 납작한 것도 있습니다. 복숭아는 1개의 씨앗을 과육이 둘러싸고 있고, 사과는 여러 개의 씨앗을 과육이 둘러싸고 있습니다. 복숭아나 살구 씨처럼 1개의 씨

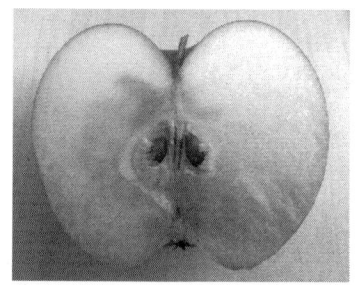 

사과의 종단면   사과의 횡단면

앗만 있는 경우는 공 모양에 가깝지만, 사과나 배처럼 여러 개의 씨앗을 만드는 과일은 좀 더 납작한 모양입니다.

복숭아씨는 크고 단단한 껍질에 의해 보호되고 있습니다. 다른 동물들이 먹어도 씨가 깨지거나 쉽게 소화되지 않습니다. 사과와 배는 1개의 과일 안에 여러 개의 씨앗을 만듭니다. 따라서 씨앗의 크기가 작게 됩니다. 씨앗이 작아져 껍질을 단단하게 만드는 것이 어려워진 사과는 다른 방법으로 씨앗을 보호합니다. 바로 독입니다.

사과 씨에는 독성 물질이 포함되어 동물들이 사과 씨를 씹어 삼키면 구토, 경련, 어지러움을 느끼게 됩니다. 그래서 동물들은 사과 씨를 안 먹거나 씹지 않고 삼키게 됩니다. 이렇게 동물의 배설물로 나온 사과 씨는 다음 세대를 이어 갈 수 있습니다.

수학 지식

대칭

| 연관 단원 | 대칭(5학년) |

대칭은 좌우가 같거나 회전하면 겹쳐지는 모양입니다. 그래서 모양의 일부분만 알게 되면 전체 모양을 알 수 있습니다. 동식물의 많은 부분이 대칭의 형태로 만들어졌고, 미술과 음악에도 대칭이 많이 쓰입니다.

대칭 : 점·선·면을 중심으로 서로 마주 보며 짝을 이루는 것입니다.

선대칭 : 직선을 사이에 두고 완전히 겹쳐지는 대칭입니다. 새의 날개는 왼쪽과 오른쪽이 똑같이 생겼습니다. 새의 몸 가운데 수직선을 중심으로 접으면 겹쳐지는 모양입니

다. 사람의 얼굴과 몸도 선대칭입니다. 동물의 몸을 위에서 보면 대부분 등뼈를 중심으로 대칭인 모양을 하고 있습니다. 선대칭 동물들은 빠르게 이동할 수 있습니다.

회전 대칭 : 어떤 도형을 한 점(축)을 중심으로 일정한 각도로 회전시켰을 때 겹쳐지는 대칭입니다. 회전 대칭 중에서 180° 회전해서 겹치는 도형을 점대칭 도형이라고 합니다. 생물학에서는 방사 대칭이라는 표현을 사용합니다. 방사 대칭은 생물 몸체가 한 점을 중심으로 뻗어 나가는 방사형인 모습의 대칭 형태를 말합니다.

별 모양으로 생긴 불가사리는 72° 회전하면 처음 모양과 같아집니다. 그렇지만 180° 회전해도 처음 도형과 같아지지는 않습니다. 불가사리는 회전 대칭이지만 점대칭은 아닙니다. 8개의 꽃잎을 가진 코스모스는 45° 회전하면 처음 모양과 같아집니다. 180° 회전해도 처음 모양과 같아집니다. 따라서 회전 대칭이면서 점대칭입니다.

식물의 씨앗과 열매 그리고 동물의 알은 선대칭이자 회전 대칭인 구 모양으로 만들어져 다음 세대가 활용할 영양분을 효율적으로 저장하고 있습니다.

불가사리

코스모스

단풍나무 씨앗의 비행

단풍나무 씨앗은 바람을 잘 타면 멀리까지 날아갈 수 있습니다. 단풍나무 씨앗이 멀리 날아갈 수 있는 이유는 회전 대칭의 원리를 잘 이용하고 있기 때문입니다.

생각 문제	아래 그림과 같은 단풍나무 씨앗 모형을 만들어 날려 보세요. 제시한 네 가지 조건에 따라 각각 실험을 해 보고 가장 멀리 날아갈 수 있는 단풍나무 씨앗은 무엇인지 확인해 보세요.

조건 1. 날개가 좁고 길며 받침대가 긴 것
       2. 날개가 좁고 길며 받침대가 짧은 것
       3. 날개가 넓고 짧으며 받침대가 긴 것
       4. 날개가 넓고 짧으며 받침대가 짧은 것

* 실험은 바람의 영향을 받지 않는 실내에서 진행하며 수직으로 자유 낙하시켜야 합니다.

부록 〈함께 하는 실험〉(149쪽)을 통해 문제를 해결해 봅시다.

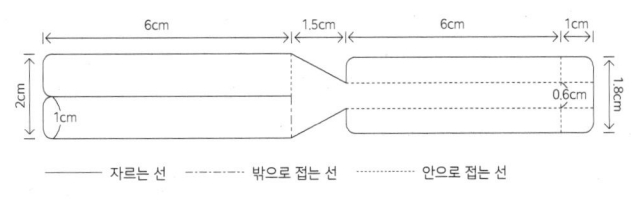

———— 자르는 선　----- 밖으로 접는 선　······ 안으로 접는 선

단풍나무 씨앗　　　　　　　단풍나무 씨앗 모형

　　종이로 만든 단풍나무 씨앗은 날개 부분이 회전 대칭입니다. 회전하면 항상 같은 모양입니다. 단풍나무 씨앗은 바람을 타고 이동하기 때문에 나무에서 떨어져 공중에 떠 있는 시간이 긴 것이 더 멀리 이동한다고 볼 수 있습니다.

　　프로펠러에서 양력을 더 많이 발생시키고 전체 무게가 가벼운 것이 공중에 더 오래 떠 있을 수 있습니다. 또 프로펠러가 회전하는 데 걸리는 시간이 짧은 것이 공중에 더 오래 떠 있게 됩니다.

　　날개는 넓이가 좁고 긴 것이 양력을 더 많이 받을 수 있습니다. 받침대는 짧은 것이 무게가 가벼워 오래 날 수 있습니다. 그렇지만 중심을 잡고 회전하는 시간이 오래 걸릴 수 있어 적정한 길이가 필요합니다.

　　실제 단풍나무 씨앗은 바람이 어느 정도 강하게 불어야 나무에서 떨어져 나와 날아갈 수 있습니다. 실내에서 실험한 결과를 토대로 실외에서 바람이 있을 때 실험해 보아도 좋습니다. 실험을 잘하기 위해서는 2~3m 높이에서 날려야 합니다. 2층에서 아래로 날려 보는 것도 좋습니다.

민들레 씨앗과 낙하산

민들레 씨앗은 가운데 골프공처럼 생긴 받침대에 각각의 씨앗이 박혀 있습니다. 불꽃놀이에서 불꽃이 터지는 모양처럼 한 점에서 시작해서 모든 방향으로 퍼져 나가는 모양입니다. 홀씨는 위아래로는 다르지만 회전 대칭이기 때문에 옆으로는 아무리 회전해도 같은 모양입니다.

충분히 자란 민들레 씨앗은 적당한 바람이 불면 받침대를 빠져나와 날아가기 시작합니다. 각각의 씨앗에는 하얀 갓털이 달려 있어 바람을 타고 멀리 날아갈 수 있습니다. 땅에 떨어져도 바람이 불면 다시 날아갈 수 있을 만큼 비행하기에 적합한 모양입니다.

낙하산은 민들레 갓털을 모방해서 만들어졌습니다. 민들레 씨앗이 있는 부분에 사람이 매달리고, 갓털을 천으로 만들어서 모방한 것이 낙하산입니다. 속도를 줄이고 낙하하는 비슷한 모습이, 민들레 씨앗과 낙하산이 같은 원리로 만들어져 있음을 보여 줍니다.

민들레 갓털

낙하산

테트라포트

바닷가에 가면 큰 파도로부터 방파제를 보호하기 위해 콘크리트 구조물 더미를 쌓아 놓은 것을 볼 수 있습니다. 바로 테트라포트입니다. 테트라포트는 방사 대칭의 원리를 잘 이용한 구조물입니다. 4개의 발이 달려 있고 무게 중심이 낮아 어떤 지형에 넣어도 빈 공간을 찾아 안정된 자세를 갖추게 됩니다. 정사면체의 일부를 깎아 4개의 다리를 만들었다고 생각하면 됩니다. 테트라포트 방파제를 가까이 가서 관찰해 보면 서로를 떨어져 나가지 않게 지지해 주고 있어 효과적으로 파도를 막아 내고 있습니다.

5장. 지구의 개미는 모두 몇 마리일까

m $\frac{1}{1,000}$

k 1,000

c $\frac{1}{100}$

μ $\frac{1}{1{,}000{,}000}$

M 1,000,000

G 1,000,000,000

n $\frac{1}{1{,}000{,}000{,}000}$

지구의 개미는 모두 몇 마리일까?

큰 수를 세는 방법

한여름 피서철이 절정에 이를 때 뉴스에서 항상 나오는 멘트가 있습니다. "오늘 부산 해운대 해수욕장에는 30만 인파가 모여 해수욕을 즐겼습니다." 백사장의 모래알처럼 수많은 사람들을 어떻게 셀 수 있었을까요? 추산한 인원은 정확한 걸까요? 2016년 겨울 촛불집회 때도 광화문 광장에 매주 수십만 명의 시민들이 모였습니다. 그때마다 '광화문 광장에 얼마나 많은 시민들이 모였는가?'를 두고 주최 측과 경찰이 추산한 인원이 달랐습니다. 발표한 인원수가 3배에서 많게는 10배 차이가 나기도 했습니다. 이는 인원수를 세는 기준이 서로 다르기 때문입니다. 주최 측은 누적 인원과 광장 주변의 서대문, 북촌, 종로 지역에 모인 시민들까지 포함시키지만 경찰은 특정 시점에 광화문 광장

2016년 겨울 촛불집회 당시 광화문에 모인 시민들

에 모여 있는 인원만 추산하기 때문입니다. 하지만 백 명, 천 명도 아니고 수십만 명을 어떻게 셀 수 있었을까요?

'해운대 피서객'과 '광화문 광장에 모인 시민'의 수를 정확하게 계산하는 것은 수학적으로 중요한 문제입니다. 이것은 '지구에 사는 전체 개미의 무게는 얼마일까?'와 같은 매우 큰 수를 계산하는 열쇠가 되기 때문입니다.

지구에서 가장 번성하는 동물은 무엇일까

현재 지구에서 가장 번성하는 동물은 무엇일까요? 이 문제의 답은 '번성'의 기준을 어디에 두느냐에 따라 달라질 수 있습니다.

가장 큰 동물이 기준이라면 바다에 사는 긴수염고래가 정답일 것입니다. 가장 힘이 센 동물이라면 코끼리일 테고요. 최상위 포식자라면 사자나 호랑이 또는 인간이 가장 번성하는 동물이 될 수 있습니다.

최상위 포식자

각 지역의 최상위 포식자를 구분하면 아프리카의 사자, 아시아의 호랑이, 북극의 북극곰이라고 할 수 있습니다.

오래전부터 '사자와 호랑이가 싸우면 과연 누가 이길까?' 하는 궁금증은 해소되지 않고 있습니다. 맹수끼리의 싸움의 결과에 대해 전문가들의 답은 '비슷한 조건에서는 몸무게가 많이 나가는 쪽이 유리하다'입니다. 사자와 호랑이, 북극곰은 모두 성체를 기준으로 수컷이 암컷보다 조금 더 큽니다. 아프리카 사자와 벵갈 호랑이는 크기가 비슷하고, 시베리아 호랑이는 사자보다 더 크고 몸무게도 더 무겁습니다. 그렇지만 셋 중에서 가장 몸무게가 많이 나가는 동물은 북극곰입니다.

북극곰 ≥ 호랑이 ≥ 사자

그러나 자연 상태에서 북극곰과 호랑이와 사자가 서로 싸울 일은 없습니다. 호랑이와 북극곰과 사자는 사는 곳이 다 달라 서로 만날 수 없기 때문입니다. 최상위 포식자는 아니지만, 아프리카코끼리는 육상 동물들 중 몸무게가 가장 많이 나가고 힘도 가장 세서 서식지가 같은 사자보다 강합니다.

북극곰

사자

호랑이

코끼리

최상위 포식자는 번식 활동이 활발하지 않습니다. 북극곰과 호랑이, 사자 등은 한 번 번식할 때 두세 마리의 새끼를 낳습니다. 더구나 최근 서식지 환경의 변화로 먹이가 줄어드는 등 다양한 문제로 생존을 위협받고 있습니다.

북극곰은 지구 온난화로 북극의 얼음이 녹고 있어 물개 사냥에 어려움이 많습니다. 호랑이는 사냥터인 서식지가 인간들의 개발로 점점 줄어들어 위험에 처해 있습니다. 강력한 최상위 포식자도 먹이가 충분하지 않으면 새끼를 낳고 키우기가 어렵기 때문입니다. 이런 점에 비추어 보면 최상위 포식자가 지구에서 가장 번성하는 동물은 아닌 것 같습니다.

살아 있는 화석 VS 가장 많은 종

모든 동물은 주변 환경에 잘 적응하기 위해 끊임없이 변합니다. 환경 변화에 맞춰 진화하고 적응하지 못하면 결국 멸종하기 때문입니다. 중생대의 공룡, 고생대의 삼엽충은 환경 변화를 따라가지 못하고 멸종되고 말았습니다. 그렇다면 환경 변화를 이겨 내고 오랜 시간 동안 살아남은 동물이나 환경에 적응하기 위해 다양한 종으로 분화한 동물을 가장 번성하는 동물이라고 할 수 있지 않을까요?

'살아 있는 화석'이라고 불리는 동물들이 있습니다. 악어, 상어, 바퀴벌레 등으로 지구상에 출현한 이후 형태가 거의 바뀌지 않았습니다. 악어는 8천만 년, 바퀴벌레는 무려 3억 년 이상을 같은 모습으로 살고 있습니다. 6천 5백만 년 전에 멸종한 공룡과 4천 년 전에 멸종한 매머드를 생각해 보면 정말 '살아 있는 화석'이라고 해도 무방합니다. 더구나 이 동물들은 쉽게 멸종되지 않을 것 같습니다. 지금까지도 환

'살아 있는 화석' 악어

종이 가장 많은 딱정벌레

경에 적응하며 잘 살고 있으니까요.

곤충은 현재 알려진 생물체의 약 70%를 차지할 만큼 종이 많습니다. 현재 우리가 알고 있는 생물 종은 180만 종이고, 그중 곤충이 120만 종이 넘습니다. 곤충 중에서도 딱정벌레목에 속하는 곤충이 가장 많습니다. 얼마나 많을까요? 무려 40만 종이나 됩니다. 사람이 속한 포유류가 4천 종이 조금 넘는다고 하니 딱정벌레가 얼마나 다양한 종으로 진화한 것인지 짐작할 수 있습니다. 그래서인지 19세기 영국의 생물학자 홀데인은 "딱정벌레에 대한 신의 과도한 사랑에서 우리가 신이 있음을 유추할 수 있다"고 말했습니다. 이 정도면 딱정벌레를 가장 번성하는 동물이라고 할 수 있지 않을까요?

생체량이 가장 큰 동물

지구상에서 가장 번성하는 동물을 찾는 합리적인 방법은 몸무게의 총합이 가장 많은 동물을 찾는 것입니다. 개체 수로 하면 곤충이 압도적으로 많습니다. 개체의 몸무게가 가장 큰 동물로 하면 포유류인 코끼리나 고래의 몸무게가 가장 많이 나갑니다. 종의 총 개체 수와 평균 몸무게의 곱으로 그 동물의 생체량을 나타낼 수 있습니다.

곤충 생체량의 대표 - 개미

다양한 종을 자랑하는 딱정벌레보다 개미와 벌이 개체 수가 더 많습니다. 공동생활을 통해 일정한 개체 수를 유지할 수 있기 때문입니다. 지구에는 약 2만 종의 벌이 있고 꿀벌의 경우 많게는 5만 마리가 함께 생활합니다. 하지만 환경 변화와 농약 등 여러 문제로 인해 야생 벌의 개체 수가 급감하고 있습니다. 개미는 지구상에 1만 2,000종 이상 있고, 개체 수가 전체 곤충의 2%를 차지할 정도로 가장 많습니다. 우리나라에 서식하는 왕개미의 경우, 일반 군체에는 2~3만 마리가 초군체에는 1,000만 마리 이상이 집단생활을 하고 있습니다. 이처럼 개체 수가 많은 개미는 생체량도 가장 커서 곤충의 생체량 대표라고 할 수 있습니다.

가축과 인간의 생체량

육상 동물 중 몸무게가 가장 무거운 동물은 코끼리입니다. 아프리카코끼리 수컷의 몸무게는 최대 6t이라고 합니다. 한 마리의 평균 몸무게는 4t가량입니다. 세계자연보전연맹의 발표에 따르면 아프리카코끼리의 개체 수는 약 40만 마리입니다. 아시아코끼리는 약 10만 마리가 있다고 하니 전 세계에 50만 마리의 코끼리가 살고 있습니다. 그래서 코끼리의 총 생체량은 '4t×50만'으로 약 200만t, 20억kg으로 계산할 수 있습니다.

인간이 식용으로 사육하는 동물들 중 연간 도축되는 개체 수를 기준으로 하면 닭, 오리, 돼지, 토끼, 칠면조, 양, 염소, 소 순으로 많습니다. 하지만 가축의 몸무게를 일일이 재는 것은 쉽지 않습니다. 그래서 UN의 식량농업 통계 자료를 토대로 생체량을 추산해 보았습니다.

닭의 경우 품종에 따라 평균 몸무게는 500g~5kg이지만, 사육하는 닭의 출하 시기 평균 몸무게는 약 1.2kg입니다. 닭은 공식적으로 연간 865억kg 도축되어 약 200억 마리가 있다고 추정할 수 있습니다. 총 생체량은 '1.2kg×200억 마리'로 240억kg입니다.

돼지는 연간 약 11억 마리가 도축됩니다. 도축되는 돼지의 평균 무게는 약 90kg입니다. 돼지는 평균 6개월은 자라야 도축할 수 있다고 합니다. 통계 자료에 따르면 전 세계에 10억 마리의 돼지가 있습니다. 총 생체량은 '90kg×10억 마리'로 900억kg입니다.

소는 연간 약 3억 마리가 도축됩니다. 도축되는 소의 평균 무게는 약 600kg입니다. 소는 보통 3년은 자라야 도축할 수 있다고 합니다. 따라서 도축되는 수보다 실제로 지구상에 있는 소의 개체 수가 훨씬 많습니다. 인도에는 3억 마리의 소가 사육되고 있지만 대부분이 식용이 아닙니다. 또 소는 우유와 같은 유제품을 얻을 수 있고, 농사에 사용되기도 합니다. 그래서 식용으로만 사용되는 돼지에 비해 개체 수가 많습니다. 통계 자료에 따르면 전 세계에 약 13억 마리의 소가 있습니다. 총 생체량은 '600kg×13억 마리'로 7800억kg입니다.

사람이 식용으로 기르는 닭, 돼지 그리고 여러 가지 용도로 키우는 소 순으로 생체량이 많음을 확인할 수 있습니다.

그렇다면 사람의 전체 생체량은 얼마나 될까요?

사람의 몸무게는 아시아인 평균 58kg, 북미인 평균 81kg으로 조사되었습니다. 전 세계 평균 몸무게는 62kg입니다. 인구는 2011년 10월 31일에 70억 명을 돌파했다고 UN에서 공식 발표했습니다. 사람의 총 생체량은 '62kg×70억 명'으로 4340억kg입니다.

수학 지식

측정 단위

연관 단원	**여러 가지 단위**(5학년)

우리가 사용하는 길이, 무게, 부피 등은 기본 단위와 유도 단위, 보조 단위로 만들어져 있습니다.

기본 단위

길이 : 1m – 지구의 북극과 남극을 지나는 원둘레의 1/4000만

(진공 상태에서 빛이 1/299,792,458초 동안 이동한 경로의 길이)

질량 : 1kg – 가로, 세로, 높이가 각 0.1m인 정육면체와 같은 4℃ 물의 무게

*기본 단위는 모두 7개로 길이의 단위인 m(미터), 질량의 단위인 kg(킬로그램), 시간의 단위인 s(초), 전류의 단위인 A(암페어), 열역학적 온도의 단위인 K(켈빈), 물질량의 단위인 mol(몰), 광도의 단위인 cd(칸델라)가 있다.

유도 단위

넓이 : $1m^2$ – 가로, 세로가 각 1m인 정사각형의 넓이
부피 : $1m^3$ – 가로, 세로, 높이가 각 1m인 정육면체의 부피
들이 : 1ℓ – 가로, 세로, 높이가 각 0.1m인 정육면체와 같은 4℃ 물의 들이

보조 단위

배량 : 큰 양을 나타내는 보조 단위. 그리스어 접두어를 사용 (k : 1,000배, M : 100만 배, G : 10억 배)

분량 : 작은 양을 나타내는 보조 단위. 라틴어 접두어를 사용 (c : 1/100배, m : 1/1000배, μ : 1/100만 배, n : 1/10억 배)

개미의 생체량

| 연관 단원 | 세계 여러 지역의 자연과 문화(6학년 사회) |

생각 문제

지구에 있는 개미의 생체량을 계산해 보세요. 개미가 많이 서식하는 열대 지역, 온대 지역, 냉대 지역 개미의 총합을 개미의 생체량으로 계산합니다.

조건

1. 개미의 평균 몸무게는 1~5mg입니다. 열대 지역과 온대 지역은 평균 3mg, 냉대 지역은 5mg로 합니다. 몸무게가 다른 것은 같은 종의 경우 추운 지역에 살수록 개체의 크기가 커지기 때문입니다.
2. 열대 지역에서는 1m²에 1,000마리 개미를 관찰할 수 있습니다. 온대 지역에는 열대 지역의 10%의 개미가 있습니다. 냉대 지역에는 열대 지역의 5%의 개미가 있습니다.
3. 지구 전체 육지 면적은 1억 5000만km²입니다. 열대 지역은 육지 면적의 20%, 건조 지역은 육지 면적의 35%, 온대 지역은 육지 면적의 15%, 냉대 지역은 육지 면적의 20%, 기타 지역은 육지 면적의 10%입니다.

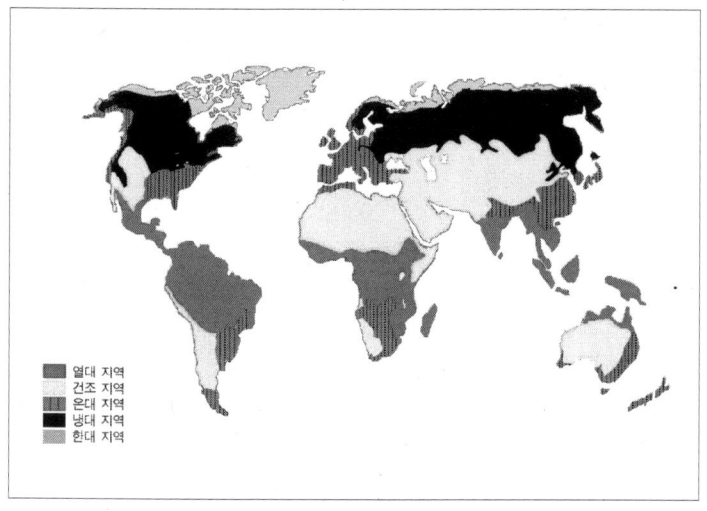

먼저 각 지역의 넓이를 계산합니다. 열대 지역은 전체 육지 면적의 약 20%로 3000만km^2, 건조 지역은 약 35%로 5250만km^2, 온대 지역은 약 15%로 2250만km^2, 냉대 지역은 약 20%로 3000만km^2, 기타 지역은 약 10%로 1500만km^{2}입니다.

다음은 지역별로 개미의 생체량을 계산합니다.

열대 지역은 1m^{2}당 1,000마리의 개미를 관찰할 수 있고 전체 넓이는 3000만km^{2}입니다. 따라서 열대 지역에는 900억kg의 개미가 있습니다. 개미의 생체량을 계산하면 다음과 같습니다.

1m^{2}당 : 3mg × 1,000 = 3g
1km^{2}당 : 3g × 1,000 × 1,000 = 3,000kg
3000만 × 3,000kg = 900억kg

온대 지역은 1m^{2}당 100마리의 개미를 관찰할 수 있습니다. 온대 지역의 전체 넓이는 2250만km²입니다. 따라서 온대 지역에는 67.5억kg의 개미가 있습니다. 개미의 생체량을 계산하면 다음과 같습니다.

$1m^2$당 : $3mg \times 100 = 0.3g$
$1km^2$당 : $0.3g \times 1,000 \times 1,000 = 300kg$
2250만 × 300kg = 67.5억kg

냉대 지역은 $1m^2$당 50마리의 개미가 있습니다. 냉대 지역의 넓이는 3000만km²입니다. 다만 열대, 온대 지역보다 몸무게가 무겁습니다. 따라서 냉대 지역에는 75억kg의 개미가 있습니다. 개미의 생체량을 계산하면 다음과 같습니다.

$1m^2$당 : $5mg \times 50 = 0.25g$
$1Km^2$당 : $0.25g \times 1,000 \times 1,000 = 250kg$
3000만 × 250kg = 75억kg

세 지역에 살고 있다고 추정되는 개미의 총생체량은 1042.5억kg입니다. 건조 지역이나 한대 지역에도 개미가 살고 있지만 표준 지역을 선정해서 개미의 개체 수를 세는 것도 쉽지 않고, 전체에서 차지하는 비율이 매우 적기 때문에 계산에서 제외했습니다. 개미는 온대 지역에서는 여름철에 많이 관찰할 수 있습니다. 그래서 항상 여름철이라고 할 수 있는 열대 지역의 개미가 전체 생체량의 많은 부분을 차지합니다.

0의 사용과 큰 수의 계산

인도에서 개념이 정립되고 사용된 '0'으로 인해 큰 수의 표현과 계산을 쉽게 할 수 있게 되었습니다. 우리가 사용하는 십진법은 숫자가 왼쪽으로 한 칸 이동할 때마다 10배 커지는 묶음이고 그 묶음이 없으면 0으로 나타냅니다. 403은 1개짜리 묶음이 3개, 10개짜리 묶음은 없고 100개짜리 묶음이 4개라는 뜻입니다. 만약 0이 없었다면 로마 숫자 V(5), X(10), L(50), C(100), D(500), M(1,000)처럼 수가 커질 때마다 계속 새로운 숫자를 만들어야 했을 수도 있습니다. 우리는 0을 사용하기 때문에 '하루가 몇 초일까?' 하는 문제를 '60×60×24'라는 수식으로 쉽게 구할 수 있습니다. 하지만 고대 로마에서는 이것은 굉장히 계산하기 어려운 문제로 수판으로 답을 구해야 했다고 합니다.

0의 사용은 천문학과 과학 기술의 발전을 가져왔습니다. 그로 인해 농사와 항해는 물론 인류의 문명이 비약적으로 발전할 수 있었습니다.

6장. 꿀벌의 집은 왜 육각형일까

꿀벌의 집은 왜 육각형일까

육각형 모양의 꿀벌의 집

현재 지구에서 개체 수가 가장 많고 다양한 종으로 나누어진 동물은 곤충입니다. 대부분의 곤충은 단독 생활을 하는데 개미와 벌 등은 공동생활을 합니다. 그중 꿀벌은 한 마리의 여왕벌과 약간의 수벌, 수많은 일벌이 한 집에서 같이 살아갑니다. 여왕벌의 임무는 계속해서 알을 낳는 것이고, 수벌의 임무는 짝짓기를 하는 것입니다. 꿀을 모아 오거나, 청소, 육아 같은 대부분의 일은 일벌이 도맡습니다. 여왕벌이 알을 낳으면 다른 일벌(사실은 언니 벌)들이 정성스럽게 보호해서 키웁니다. 적당한 온도와 습도를 맞춰 주고 알에서 깨어나면 로열 젤리와 꿀, 꽃가루를 먹여 키웁니다.

집을 짓는 것도 빼놓을 수 없는 일벌의 역할입니다. 더위와 추위, 습기로부터 알과 애벌레를 보호하고, 꿀과 꽃가루 등 식량을 잘 보관해야 하기 때문입니다. 더구나 꿀벌은 적으면 5천 마리 많으면 5만 마리가 함께 생활하기 때문에 집을 효율적으로 짓는 것이 중요합니다. 그렇지 않으면 많은 에너지를 낭비하게 되기 때문입니다.

사람들도 좁은 지역에 모여 살게 되면서 공간을 효율적으로 사용하기 위해 아파트를 만들었습니다. 그런데 꿀벌은 이미 오래전부터 자신들만의 아파트를 만들어 생활하고 있습니다.

꿀벌의 집 모양을 잘 살펴보면 육각형입니다. 우리가 살고 있는 집은 대부분 사각형인 것과 대조적입니다. 꿀벌은 왜 우리와 다른 육각형 모양의 집을 만들까요?

육각형 모양의 벌집

사각형 모양의 아파트

평면을 가장 넓게 사용하는 정육각형

집을 효율적으로 잘 만드는 것은 무리가 생존하는 데 중요한 일입니다. 에너지를 낭비하지 않기 위해서는 가장 적은 재료를 사용해 쾌적하고 튼튼한 집을 지을 수 있어야 합니다. 이제 꿀벌들이 자신들의 아파트를 어떻게 효율적으로 짓는지 알아봅시다.

같은 길이로 가장 넓은 면적을 만드는 방법

아래 3개의 삼각형은 세 변의 둘레의 합이 모두 24cm입니다. 어떤 모양의 삼각형의 넓이가 가장 클까요?

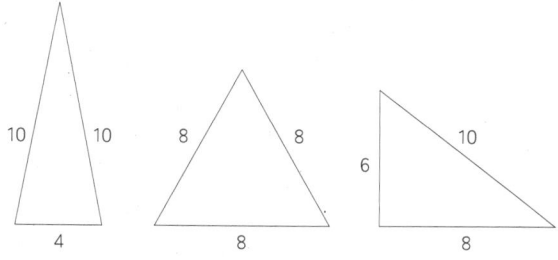

같은 둘레를 가진 삼각형으로 이등변삼각형, 정삼각형, 직각삼

각형을 만들 수 있습니다. 첫 번째 삼각형은 마주 보는 두 변의 길이가 같은 이등변삼각형입니다. 두 번째 삼각형은 세 변의 길이가 같은 정삼각형이고, 세 번째 삼각형은 한 각이 직각인 직각삼각형입니다.

세 삼각형의 밑변의 길이를 맞춰 겹쳐 봅니다. 이렇게 하면 삼각형의 넓이를 굳이 계산하지 않아도 비교할 수 있습니다.

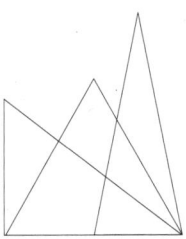

삼각형의 넓이를 계산하는 식은 '밑변의 길이×높이÷2'입니다. 세 삼각형을 겹치면 직각삼각형과 정삼각형의 밑변이 같습니다. 두 삼각형 중 정삼각형의 높이가 더 높기 때문에 정삼각형의 넓이가 더 넓습니다. 이등변 삼각형의 밑변의 길이는 직각삼각형의 밑변의 길이의 절반입니다. 이등변 삼각형의 높이가 직각삼각형의 높이의 2배가 되지 않아서 세 삼각형 중에 넓이가 가장 작습니다.

다각형에서는 둘레의 길이가 같은 경우 정다각형의 넓이가 가장 넓습니다. 둘레의 길이가 일정한 삼각형 중에서는 정삼각형의 넓이가, 사각형 중에서는 정사각형의 넓이가 가장 넓습니다.

아래는 둘레의 길이가 모두 24cm인 삼각형, 사각형, 육각형, 원입니다. 어떤 도형이 넓이가 가장 넓을까요?

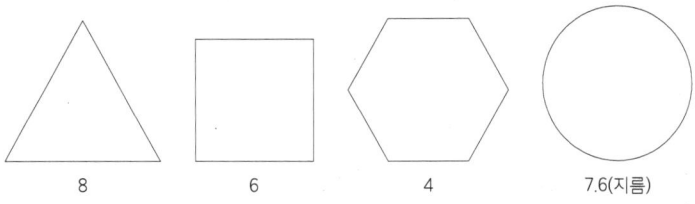

8　　　　6　　　　4　　　　7.6(지름)

위 도형들은 둘레의 길이가 24cm인 정삼각형, 정사각형, 정육각형, 원입니다. 정육각형은 정삼각형 6개로 나누면 넓이를 구할 수 있습니다. 정삼각형의 높이와 원주율은 소수점 아래 수가 불규칙적으로 무한히 계속되기 때문에 근삿값을 사용합니다. 정삼각형의 높이는 한 변의 길이의 0.87배를, 원주율(π)은 3.14를 근삿값으로 사용합니다.

한 변이 8cm인 정삼각형의 넓이 : 밑변 × 높이 ÷ 2
$8 \times 7(6.96) \div 2 = 28 \text{cm}^2$

한 변이 6cm인 정사각형의 넓이 : 밑변 × 높이
$6 \times 6 = 36 \text{cm}^2$

한 변이 4cm인 정육각형의 넓이 : 밑변 × 높이 ÷ 2 × 정삼각형의 수
$4 \times 3.5(3.48) \div 2 \times 6 = 42 \text{cm}^2$

지름이 7.6cm인 원의 넓이 : 반지름 × 반지름 × 원주율
$3.8 \times 3.8 \times 3.14 = 45.34 \text{cm}^2$

둘레의 길이가 같은 평면 도형은 삼각형, 사각형, 육각형, 원으로 갈수록 넓이가 넓어집니다. 변의 개수가 많을수록 넓이가 넓어진다는 것을 확인할 수 있습니다.

평면을 빈틈없이 나누기

부록 〈함께 하는 실험〉(151쪽)을 통해 문제를 해결해 봅시다.

같은 둘레의 길이로 평면 도형을 만들 때 원의 넓이가 가장 넓고, 삼각형이 가장 좁습니다. 그렇다면 꿀벌은 왜 면적이 가장 넓은 원이 아닌 정육각형 모양으로 집을 만들었을까요?

정다각형 중에서 평면을 빈틈없이 채울 수 있는 것은 정삼각형, 정사각형, 정육각형 세 가지입니다. 360°를 정다각형의 한 각으로 나눌 수 있으면 빈틈없이 평면을 채울 수 있습니다.

정삼각형 : 360° ÷ 60° = 6
정사각형 : 360° ÷ 90° = 4
정육각형 : 360° ÷ 120° = 3

위 그림처럼 삼각형이나 사각형으로도 평면을 빈틈없이 나눌 수 있지만, 둘레의 길이 대비 넓이가 작아 비효율적입니다. 원의 경우는 둘레의 길이 대비 넓이는 가장 크지만 원과 원 사이에 빈틈이 생기

게 되어 마찬가지로 비효율적입니다. 정육각형은 평면을 빈틈없이 채울 수 있고 둘레의 길이 대비 넓이도 커서 가장 효율적입니다. 그래서 꿀벌은 재료를 가장 적게 사용하고, 내부 면적은 가장 넓게 사용할 수 있는 정육각형으로 집을 만드는 것입니다.

꿀벌의 집은 애벌레를 키우고 꽃가루와 꿀을 저장하기 위한 용도로 사용됩니다. 꿀벌의 집 안을 살펴보면 애벌레는 앞과 뒤가 상대적으로 좁은 원통 모양이고, 원 모양으로 둥글게 몸을 말고 있습니다. 아마도 원에 가까운 정육각형이 정사각형이나 정삼각형보다 애벌레를 키우기 더 좋을 것입니다.

둥글게 몸을 말고 있는 꿀벌의 애벌레

이처럼 합리적인 이유로 꿀벌은 자신의 아파트를 정육각형으로 만들고 있습니다. 평면을 빈틈없이 채울 수 있고, 내부의 넓이가 가장 넓은 모양이 정육각형이란 사실을 꿀벌은 어떻게 알았을까요?

수학 지식

평면 도형과 넓이

연관 단원 : **다각형**(4학년), **다각형의 넓이**(5학년)

다각형의 넓이는 직사각형의 넓이를 구하는 것이 중요합니다. 직사각형의 넓이를 구할 수 있으면 평행사변형과 삼각형의 넓이를 알 수 있고, 삼각형의 넓이를 구할 수 있으면 모든 다각형의 넓이를 알 수 있습니다. 직사각형의 넓이를 구하는 방법은 '가로×세로'입니다. 평행사변형의 넓이는 삼각형 2개가 되도록 나누고 한쪽 삼각형을 잘라 다른 쪽에 붙여 직사각형을 만들어서 구하면 됩니다. 삼각형의 넓이는 같은 삼각형 2개로 평행사변형을 만들어 구하면 됩니다. 모든 도형은 삼각형 또는 직사각형으로 만들어서 '밑변×높이' 공식을 이용해서 구합니다. 정삼각형의 밑변의 길이를 1로 할 때 높이는 약 0.87의 값을 사용하면 됩니다.

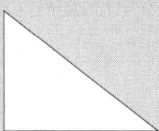

직각삼각형 : 한 각이 직각인 삼각형
넓이 : 가로가 밑변이 되고 세로가 높이가 됩니다.
(밑변×높이)÷2

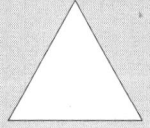

정삼각형 : 세 변의 길이가 같고 세 각의 크기가 모두 60°인 삼각형
넓이 : 높이 = 한 변의 길이 × 0.87입니다.
(한 변의 길이) × (한 변의 길이 × 0.87) ÷ 2

이등변삼각형 : 두 변의 길이가 같고 두 밑각의 크기도 같은 삼각형
넓이 : 높이는 따로 측정해야 합니다.
(밑변 × 높이) ÷ 2

정사각형 : 네 변의 길이가 같고 네 각의 크기가 모두 직각(90°)인 사각형
넓이 : (한 변의 길이) × (한 변의 길이)

직사각형 : 네 각의 크기가 모두 직각(90°)인 사각형
넓이 : (한 변의 길이) × (다른 한 변의 길이)

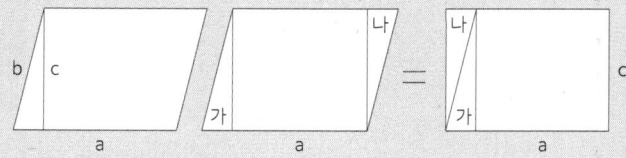

평행사변형 : 두 쌍의 마주 보는 변이 평행인 사각형
넓이 : 삼각형 '나'를 삼각형 '가' 위에 올려붙입니다.
평행사변형의 넓이 = 직사각형의 넓이
a × c = (밑변) × (높이)

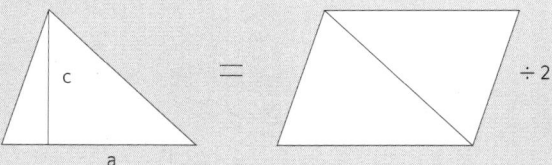

삼각형의 넓이는 평행사변형의 넓이를 구해서 반으로 나눕니다.
삼각형의 넓이 = 평행사변형의 넓이 ÷ 2
= (밑변 × 높이) ÷ 2

오각형과 육각형 등의 평면 도형은 모두 삼각형으로 나눌 수 있습니다. 삼각형의 넓이를 구하는 공식을 이용해서 모든 다각형의 넓이를 구할 수 있습니다.

입체를 가장 넓게 사용하는 돔 하우스

최근 학교 옥상을 활용해 텃밭을 만들어 농사를 짓는 경우가 많습니다. 옥상에 텃밭과 함께 지오데식 돔을 만들어서 작물도 기르고 씨앗과 흙, 농기구를 보관하면 매우 편리합니다. 지오데식 돔을 비닐로 덮으면 비와 바람을 피할 수 있고 추운 겨울에도 작물을 기를 수 있는 온실로도 사용할 수 있기 때문입니다.

생각 문제	다음은 밑면이 정십각형 모양인 지오데식 돔입니다. 이 지오데식 돔을 짓기 위해서는 몇 개의 나무 기둥이 필요할까요? **참고** 지오데식 돔의 나무 기둥을 연결하기 위해서는 커넥터가 필요합니다. 커넥터는 4개 연결용, 5개 연결용, 6개 연결용 세 종류입니다. 다음 지오데식 돔을 짓기 위해 필요한 커넥터는 4개 연결용 10개, 5개 연결용 6개, 6개 연결용 10개입니다.

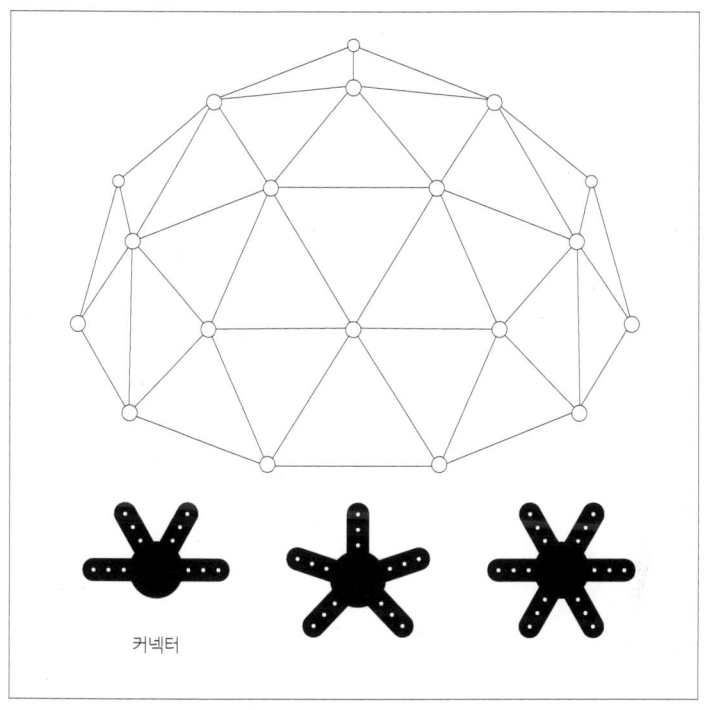

커넥터

커넥터의 개수를 활용하면 문제를 좀 더 쉽게 해결할 수 있습니다.

4개 연결용 : 4 × 10 = 40
5개 연결용 : 5 × 6 = 30
6개 연결용 : 6 × 10 = 60
나무 기둥의 개수 : (40 + 30 + 60) ÷ 2 = 65

나무 기둥의 양 끝은 모두 커넥터에 연결되어 있기 때문에 실제 필요한 나무 기둥은 계산한 값의 절반이 됩니다. 따라서 나무 기둥은 65개가 필요합니다.

생각 문제	지오데식 돔의 나무 기둥 하나의 길이는 120cm입니다. 지오데식 돔의 밑면의 넓이와 높이는 얼마일까요?
	참고 지오데식 돔의 모양은 구를 절반 자른 모양이라고 가정합니다. 원주의 길이와 밑면이 정십각형인 나무 기둥 10개의 길이가 같다고 가정하고 계산합니다.

지오데식 돔 밑면의 둘레는 120 × 10 = 1,200cm입니다. 지오데식 돔 밑면인 정십각형의 둘레와 원주가 같다고 가정하고 문제를 해결하면 아래와 같습니다.

지오데식 돔의 지름 : 1,200 ÷ 3.14 = 382.17cm

지오데식 돔의 높이 : 382 ÷ 2 = 191cm

지오데식 돔의 밑면의 넓이 : 1.91 × 1.91 × 3.14 = 11.45m^2

따라서 지오데식 돔 내부의 높이는 191cm이고, 밑면의 넓이는 11.45m^{2}입니다.

충격을 분산시키는 벌집 모양

벌집 모양은 효율적인 공간 활용뿐만 아니라, 외부에서 전해지는 힘을 고르게 나누어 충격을 최소화하는 안정적인 구조입니다. 이런 특성을 활용해서 고속 열차의 충격 흡수 장치나 경주용 자동차의 차체 제작에 사용되고 있습니다.

KTX의 기관실 앞부분에는 허니콤honey comb이라고 불리는 고속 충격 흡수 장치가 있습니다. 알루미늄 합금으로 만든 벌집 모양의 이 에너지 흡수 장치는 열차 사고 등 충격 시에 발생하는 에너지의 80%를 흡수할 수 있다고 합니다. 경주용 자동차는 두 장의 탄소판 사이에 3.5mm 두께의 벌집 모양의 알루미늄 판을 끼워 차체를 만듭니다. 가볍지만 철판보다 강해 운전자의 생명을 보호해 줍니다.

7장. 최소의 재료와 최대의 효과, 거미그물

최소의 재료와 최대의 효과, 거미그물

거미와 거미그물

여름철 이른 아침에 작은 물방울이 맺혀 있는 거미그물을 볼 수 있습니다. 평소에는 잘 보이지 않지만 햇살을 받아 반짝이는 작은 물방울 때문에 거미그물을 잘 관찰할 수 있습니다.

거미는 날아다니는 곤충을 잡기 위해 거미줄로 공중에 그물을 만듭니다. 그런데 그 모양이 우리가 사용하는 그물과 다릅니다. 축구 경기에서 골대 그물은 정사각형 또는 마름모 모양이고, 낚시 그물도 사각형 모양의 그물이 대부분입니다. 그런데 우리가 흔히 보는 거미그물은 대부분 방사형입니다. 거미는 왜 방사형 그물을 만들까요?

거미는 분류학상으로 곤충과는 다릅니다. 거미가 속한 절지동물문은 척추가 없는 동물 중에서 겉이 딱딱한 껍질로 둘러싸여 있고, 몸과 다리에 마디가 있는 동물입니다. 곤충류, 거미류, 갑각류(게와 가재), 다지류(지네, 노래기) 등이 있습니다.

거미는 몸이 머리-가슴, 배 두 부분으로 되어 있고, 네 쌍의 다리가 있습니다. 먹이는 소화액을 주입해 녹여서 액체 상태로 만들어 빨아 먹습니다.

거미는 전체 3만 5,000종으로 알려졌고, 그중 30종은 독거미입니다. 대표적인 것은 검은과부거미와 타란툴라입니다. 검은과부거미는 방울뱀보다 더 강한 맹독을 가지고 있어 사람에게도 치명적인 부상을 줄 수 있습니다.

거미는 그물을 만드는 거미와 만들지 않는 거미로 나눌 수 있습니다. 그물을 만드는 거미는 그물에 날아다니는 곤충이 걸리면 재빨리 이동해서 거미줄로 먹이를 휘감아서 도망가지 못하게 합니다. 거미그물을 잘 만들어야 먹이 사냥을 잘 할 수 있는 것입니다. 거미줄은 거미 몸속에 있을 때는 액체 상태이지만 몸 밖으로 나오면 고체로 변합니다.

검은과부거미

타란툴라

거미그물의 발전 단계

거미그물은 모양에 따라 크게 세 가지로 나눌 수 있습니다. 첫 번째는 불규칙한 거미그물로 어떤 패턴도 없이 불규칙하게 만들어졌습니다. 두 번째는 수평으로 불규칙한 모양이 계속되는 수평 거미그물입니다. 정원수인 향나무 위에서 쉽게 찾아볼 수 있습니다. 접시를 놓아둔 모양을 생각하면 됩니다.

세 번째는 원형 거미그물입니다. 수직 방향으로 거미그물을 만듭니다. 원형 거미그물을 변형한 거미그물도 볼 수 있습니다. 거미그물의 중심이 약간 옆으로 치우쳐 있습니다.

불규칙한 거미그물은 거미그물 발전 단계의 초기 모습이라고 볼 수 있습니다. 많은 거미줄을 사용하지만 그물로 활용되는 넓이는 넓지 않습니다. 원형 거미그물과 변형된 거미그물은 거미줄을 적게

불규칙한 거미그물

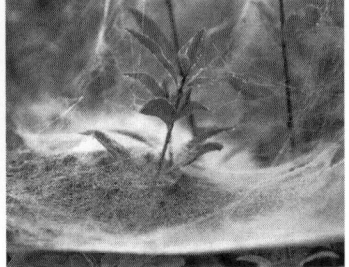
수평 거미그물

원형 거미그물

변형된 원형 거미그물

사용하지만 그물로 활용되는 넓이는 더 넓습니다. 따라서 발달된 형태의 거미그물인 것을 알 수 있습니다.

    같은 모양과 크기로 거미그물을 만들 때 수직 방향과 수평 방향 중 어느 것이 사냥에 더 효율적일까요?

    거미그물에 주로 걸리는 곤충은 날아다니는 파리, 벌, 잠자리, 나비 등입니다. 곤충들은 대부분 수평 방향으로 비행을 합니다. 수평 방향으로 날아다니는 곤충을 잡기 위해서는 수직 방향의 거미그물이 사냥에 유리합니다. 그래서 수평으로 된 거미그물보다 수직으로 펼쳐진 원형 거미그물 또는 변형된 원형 거미그물이 곤충 사냥에 효율적입니다.

    이처럼 거미그물의 모양만 보아도 그 거미그물을 만든 거미의 진화 정도를 추측할 수 있습니다. 불규칙한 그물 모양보다는 패턴이 있는 그물이 발전된 형태입니다. 그리고 수평 방향의 그물보다는 수직 방향의 원형 혹은 변형된 원형 그물이 더 발전된 형태입니다. 앞에서 이야기한 것처럼 사냥에 더 유리하기 때문입니다. 또, 거미그물을 구성하는 거미줄과 점액은 단백질 성분이어서 만들어 내기 위해서는 많은 에너지가 필요합니다. 거미그물 효율적으로 만들면 거미줄을 만드는 데 쓰는 에너지를 줄일 수 있습니다.

거미그물의 구조

원형 거미그물을 자세히 살펴보면 세 부분으로 나눌 수 있습니다. 중앙에서 방사선으로 뻗은 거미줄(방사실)과 나무와 나무 사이를 연결하는 연결 거미줄(기초실, 다리실), 그리고 촘촘하고 끈적끈적한 가로 거미줄(점착실)이 있습니다.

방사실과 기초실은 거미그물의 틀을 지탱하기 위해 사용되는 거미줄입니다. 직접 곤충을 잡는 기능이 없기 때문에 점액 성분을 사용할 필요가 없습니다. 그래서 방사실과 기초실에는 점액이 거의 없습니다. 점착실에는 많은 점액 성분이 있어 거미그물에 걸린 곤충이 도망가지 못하게 합니다. 점착실은 곤충 사냥에서 가장 중요한 역할을 하는 거미줄입니다.

방사실 : 가운데서 밖으로 뻗어 나가는 거미줄
기초실 : 거미그물의 틀을 지탱하는 위와 바깥쪽에 있는 거미줄
점착실 : 방사실과 방사실을 연결하는 점액 성분이 많은 거미줄

최소 재료와 최대 효과

거미는 거미줄을 가장 적게 사용하고 가장 넓은 면적의 거미그물을 만드는 것이 좋습니다. 어떻게 하면 이런 거미그물을 만들 수 있을까요?

생각 문제	넓이가 100cm^{2}이고, 직경이 1cm 이상인 곤충이 빠져나갈 수 없는 거미그물을 그려 보세요. 단, 거미줄을 최소로 사용해야 합니다.

　　두 가지 모델로 비교해 볼 수 있습니다. 하나는 가로와 세로의 길이가 모두 10cm인 바둑판 모양의 정사각형을 만들어 길이를 측정하는 것입니다. 다른 하나는 넓이가 100cm이고 반지름의 차이가 1cm인 동심원을(원의 중심이 같고 반지름이 다른 원) 그려서 그 길이를 측정하는 것입니다.

가로·세로 10cm인 바둑판 모양의 선의 길이

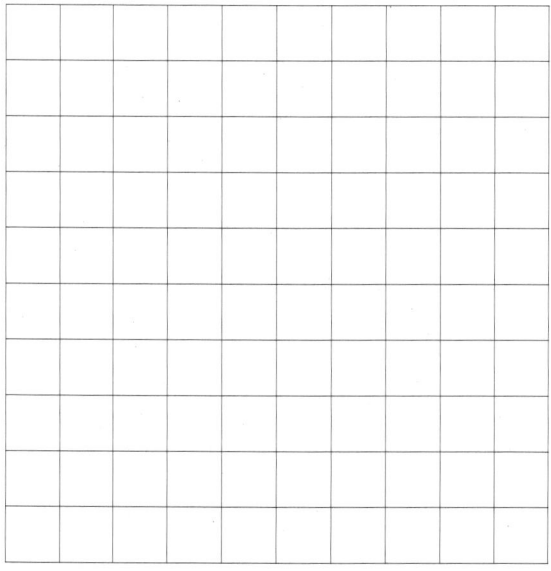

위 그림은 가로와 세로의 길이가 10cm인 정사각형을 1cm 간격으로 나누어 바둑판 모양으로 만든 거미그물입니다. 넓이는 100cm²이고, 직경이 1cm 이상인 곤충이 빠져나갈 수 없게 만들었습니다. 이 거미그물에는 10cm짜리 선분이 가로 11개, 세로 11개 총 22개 사용되었습니다. 이를 계산하면 100cm² 넓이의 거미그물을 만들기 위해서는 220cm 길이의 거미줄이 필요합니다.

넓이가 100cm²인 동심원 모양의 선의 길이

넓이가 100cm²인 동심원 모양의 거미그물을 만들어 보면 다음 그림과 같은 모양이 됩니다. 우선 원의 중심을 기준으로 5개의 동심원과 4개의 직선으로 기준선을 만듭니다. 1cm 이상인 곤충이 빠져나가지 못하도록 기준선의 중간중간에 방사형으로 짧은 직선을 넣었습니다.

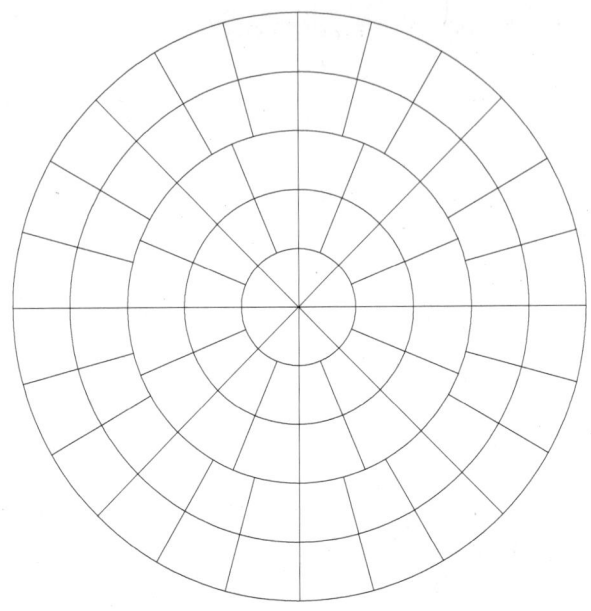

원의 넓이는 '반지름×반지름×3.14'입니다. 반지름을 A라고 가정하고 계산하면 다음과 같습니다.

A×A×3.14 = 100
A×A = 100÷3.14 → = 31.85
5×5 = 25, 6×6 = 36
5 < A < 6
5.5×5.5 = 30.25, 5.6×5.6 = 31.3, 5.7×5.7 = 32.49

위 계산에 따르면 반지름 A의 값은 약 5.6cm입니다. 반지름 값을 대입해 넓이가 100cm²인 원형 거미그물의 길이를 계산하면 다음과 같습니다.

동심원의 길이 : (5.6+4.6+3.6+2.6+1.6)×2×3.14 = 113.04

방사형 직선의 길이 : (5.6×2)×4 = 44.8
작은 직선의 길이 : 2×24 = 48
전체의 길이 : 113.04+44.8+48 = 205.84cm

동심원으로 100cm² 넓이의 거미그물을 만들려면 약 206cm의 거미줄이 필요합니다. 바둑판 모양은 220cm의 거미줄이 필요하기 때문에 동심원 모양의 거미그물이 더 효율적이라고 할 수 있습니다. 거미가 방사형으로 거미그물을 만드는 것은 거미줄을 최소로 사용하고 최대로 넓은 거미그물을 만들 수 있기 때문입니다.

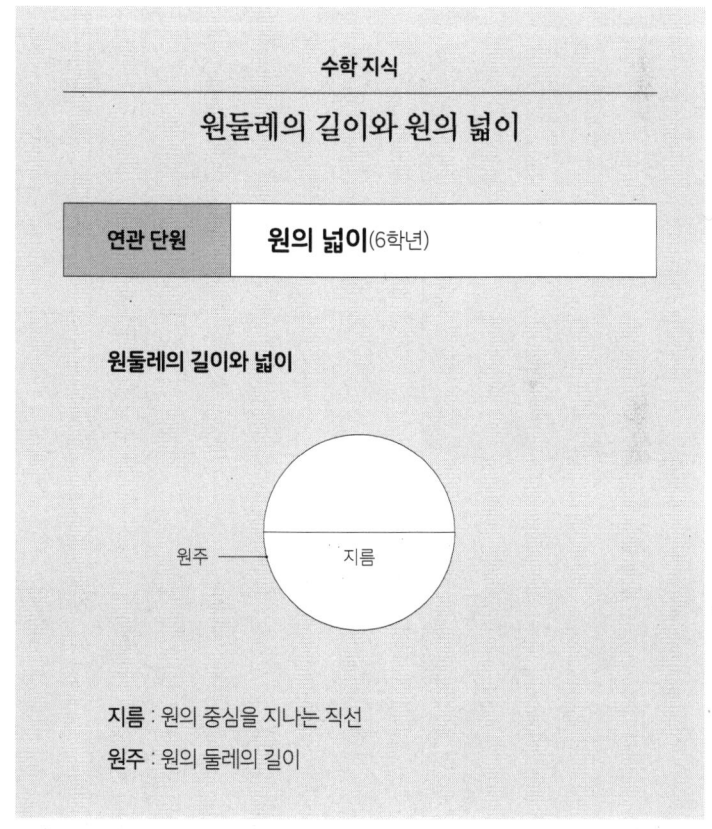

원주율 : 원둘레의 길이 ÷ 지름 ≒ 3.14
원둘레의 길이 : 지름 × 원주율(3.14)

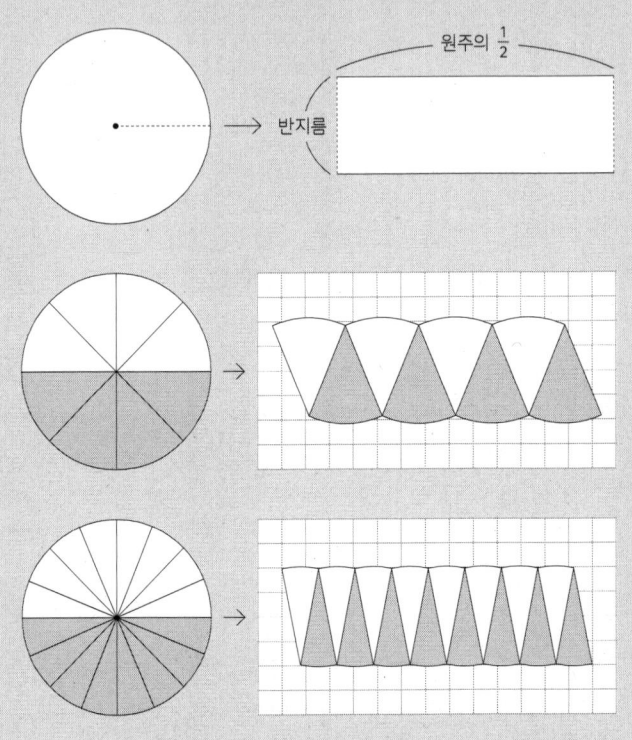

원을 피자를 자르듯이 무수히 많은 조각으로 잘라 겹쳐 놓으면 직사각형과 유사한 모양이 됩니다. 따라서 직사각형의 넓이를 구하는 방법을 대입해 원의 넓이를 구할 수 있습니다.

직사각형의 넓이
= 가로 × 세로 = (반지름) × (원주 ÷ 2)
= (반지름) × (지름 × 3.14 ÷ 2)
 ('지름 ÷ 2 = 반지름'이므로)
= 반지름 × 반지름 × 3.14

녹아 없어지는 생태 그물

버려진 그물로 인해 서식지가 오염되어 위험에 처한 바다 새

물고기를 잡고 난 후 바다에 버려지는 폐그물 문제가 심각해지고 있습니다. 어업에 사용하는 그물은 나일론을 비롯한 화학 섬유로 만듭니다. 수거해서 재활용하는 비용이 비싸기 때문에 버려지는 경우도 많습니다. 이렇게 버려지는 폐그물은 물속에서 썩지 않기 때문에 바다에 사는 동물들이 그물에 걸려 죽게 됩니다.

폐그물은 바다나 강에 버리지 않고 물 밖으로 꺼내서 폐기 처리해야 하지만 비용 등 여러 가지 이유로 지켜지지 않고 있습니다. 그래서 그물을 만들 때 일정 기간이 지나면 녹아서 없어지는 생태 그물을 만들 필요가 있습니다.

생각 문제	물속에서 일정 기간이 지나면 분해되는 생태 그물을 만든다고 가정해 봅시다. 어떤 모양으로 그물을 만드는 것이 효율적일까요?

그물을 효과적으로 만들기 위해서는 다음 사항을 생각해야 합니다.

· 평면을 빈틈없이 나눌 수 있는 모양은 정삼각형, 정사각형, 정육각형입니다.
· 바둑판 모양 그물보다는 동심원 모양 그물이 재료가 적게 들어 효율적입니다.

어떤 모양으로 생태 그물을 만들 수 있을까요? 다양한 모양의 생태 그물을 만들 수 있습니다. 위에 제시한 조건들을 활용해서 생태 그물을 그려 보세요.

예시

거미와 사람

많은 사람들은 거미를 무섭고 징그럽다고 생각하지만 학자들은 익충으로 분류합니다. 거미는 파리, 모기 등 사람에게 해로운 곤충과 농업에 피해를 주는 해충을 많이 잡아먹어 '살아 있는 농약'으로 불리기도 합니다. 거미줄은 모든 생체 재료 중 가장 단단한 것으로 알려졌으며 같은 굵기의 강철보다 5배 강하다고 합니다. 거미줄 여러 가닥을 묶어서 강도가 높은 실을 만들면, 외과 수술용 실이나 공사 현장에서 사람들의 머리를 보호해 주는 안전모를 만들 수 있습니다.

그렇지만 거미줄을 대량 생산하기란 매우 어렵습니다. 뽕잎을 먹는 누에와 달리 거미는 동족이라도 자신에게 접근하면 잡아먹어 대량 사육이 불가능하기 때문입니다.

8장. 천적을 피하는 매미의 지혜

1	2	3	4	5
11	12	13	14	15
21	22	23	24	25
31	32	33	34	35
41	42	43	44	45
51	52	53	54	55
61	62	63	64	65
71	72	73	74	75
81	82	83	84	85
91	92	93	94	95

천적을 피하는 매미의 지혜

매미의 울음소리가 큰 이유

한여름이 되면 매미들의 울음소리가 들려옵니다. 너무 큰 소리로 울어서 일상생활이 불편할 때도 있습니다. 하지만 매미의 성장 주기를 알게 되면 큰 소리로 울어 대는 매미를 이해할 수 있습니다. 삶의 대부분을 땅속에서 보내는 매미가 땅 위로 올라와서 사는 시간은 매우 짧습니다. 그 기간 안에 수컷 매미들은 자신의 짝을 찾고 짝짓기를 마쳐야 합니다. 매미의 울음소리는 사실 수컷 매미들이 암컷 매미를 유혹하는 노랫소리입니다.

매미

매미의 생애

매미의 지상에서의 삶은 전체 생애 주기로 봤을 때 매우 짧습니다. 5년, 7년, 13년 혹은 17년 동안을 땅속에서 지내다 지상으로 나온 매미의 수명은 평균 15일입니다. 그래서 생의 대부분을 땅속에서 보내는 매미는 성장 주기와 잠복기가 같다고 봐도 무방합니다. 하지만 지상에서의 15일은 번식을 하는 시기인 만큼 매미의 성장 주기 중 가장 중요한 시기라고 볼 수도 있습니다.

매미는 주로 식물의 조직이나 과일에 알을 낳습니다. 종에 따라 다르지만 짧게는 45일, 길게는 10개월 후 부화되어 유충이 됩니다. 유충은 땅속으로 들어가 식물의 뿌리에서 수액을 먹고 살아갑니다. 유충 기간은 종에 따라 다르지만 털매미는 약 4년, 유지매미는 약 7년이라고 알려져 있습니다. 북아메리카에 사는 매미의 경우는 유충 기간이 13년인 것과 17년인 것이 있습니다. 유충에서 성충이 된 매미는 천적이 활동하지 않는 새벽 시간을 이용해 나무 위로 올라가 탈피를 합니다.

탈피를 하고 있는 매미

우리가 알고 있는 매미는 성충이 된 후 탈피까지 마친 모습입니다. 매미는 주둥이에서 길게 나온 관을 식물의 조직에 박아 수액을 섭취하며 다른 먹이 활동은 하지 않습니다. 대신 보름 동안의 짧은 생이 끝나기 전에 번식을 마치기 위해 요란한 소리로 암컷 매미를 부릅니다.

　　매미가 산란을 하고 그 알이 다시 성충이 되어 나타나는 기간을 매미의 성장 주기라고 합니다. 앞에서 말했듯 지금까지 확인된 매미의 성장 주기는 5년, 7년, 13년, 17년입니다. 털매미처럼 예외적 경우도 있지만 대부분의 매미는 이러한 성장 주기를 가지고 있습니다. 동물들은 대부분 일정한 성장 주기를 가지고 있습니다. 그중에서도 매미의 성장 주기에는 수학적으로 흥미롭고 재미있는 비밀이 숨어 있습니다.

생존율을 높이는 매미의 수학

북아메리카에는 13년, 17년을 주기로 특정 지역에만 나타나는 매미들이 있습니다. 이러한 매미들의 성장 주기를 고생물학자인 제이 굴드 박사는 '특정한 포식자를 피하고 살아남기 위한 번식 전략'이라고 설명합니다. 성장 주기가 소수일 경우 천적으로부터 자신의 종족이 멸종할 가능성을 최소화할 수 있기 때문입니다.

　　매미의 천적은 다양합니다. 새와 박쥐, 쌍살벌과 잠자리, 거미 등입니다. 그런데 매미의 천적이 항상 많은 것이 아닙니다. 천적들도 일정한 주기를 가지고 번성합니다. 17년 주기의 북아메리카 매미와 5년 주기로 번성하는 천적이 있다면 한 번 천적의 번성기를 만난 후 다시 번성한 천적과 만나게 되는 때는 85(17×5 = 85)년 후입니다. 매미의 번식 주기가 소수이면 다른 번식 주기를 가지는 천적의 번성기를 만날 가능성이 매우 낮아집니다.

'포식자 포만' 생존 전략

　　'포식자 포만'이라는 생존 전략을 사용하는 동물들도 있습니다.

포식자들이 배가 불러서 더 이상 잡아먹지 않을 만큼 한꺼번에 번식을 하는 생존 전략입니다.

아프리카 초원의 누는 가장 연약한 피식자 중 하나입니다. 사자와 표범, 하이에나 등 아프리카의 육식 동물들에게 누는 쉬운 사냥감입니다. 다른 어떤 동물들보다 많이 잡아먹히지만 누는 멸종 위기 동물로 분류되지는 않습니다. 왜 그럴까요?

누는 새끼일 때 포식자들에게 잡아먹히는 경우가 많습니다. 그래서 누는 무리 전체가 출산 시기를 조절해서 한꺼번에 출산하는 방법으로 위기를 극복합니다. 먼저 출산해야 하는 누는 출산 시기를 늦추고 늦게 출산해야 하는 누는 출산 시기를 앞당겨서 무리 전체가 거의 동시에 새끼를 낳습니다. 그래서 새끼 누 중 일부가 포식자들에게 잡아먹혀도 그것보다 훨씬 더 많은 새끼들이 살아남는 전략을 취하는 것입니다.

누는 무리의 출산 시기를 일치시켜 생존율을 높인다.

매미도 매년 100만 마리가 번식을 하는 것보다, 17년마다 1,700만 마리가 번식하는 것이 번식에 성공할 가능성이 높을 수 있습니다. 해마다 100만 마리가 번식하면 천적들이 편안하게 매미를 잡아

먹을 수 있어 매미가 멸종될 수도 있지만, 17년 만에 1,700만 마리가 한꺼번에 번식하면 천적에게 잡아먹혀도 살아남는 매미들이 더 많아 번식에 성공할 가능성이 높아집니다. 매미 또한 '포식자 포만' 전략을 사용한다고 볼 수 있습니다.

수학 지식

약수와 배수

| 연관 단원 | 약수와 배수(5학년) |

약수와 배수

약수 : 정수 A를 0이 아닌 정수 B로 나눌 때 나누어떨어지면 B를 A의 약수라고 한다.

배수 : 정수 A를 0이 아닌 정수 B로 나눌 때 나누어떨어지면 A를 B의 배수라고 한다.

가로와 세로를 곱해서 24가 되는 직사각형은 모두 4종류입니다.

1 × 24 = 24

2 × 12 = 24

3 × 8 = 24

4 × 6 = 24

　직사각형의 가로와 세로의 길이인 1, 2, 3, 4, 6, 8, 12, 24는 직사각형의 넓이인 24를 나누어 떨어지게 하는 수입니다. 이처럼 '어떤 수를 나머지 없이 나눌 수 있는 수'를 '약수'라고 합니다. 1, 2, 3, 4, 6, 8, 12, 24는 24의 '약수'입니다.

　1, 2, 3, 4, 6, 8, 12, 24에 특정한 자연수를 곱하면 24가 됩니다. 따라서 24는 1, 2, 3, 4, 6, 8, 12, 24의 '배수'가 됩니다.

　A, B, C가 자연수일 때, A×B = C이면 A, B는 C의 약수이고 다시 C는 A, B의 배수가 됩니다.

공약수와 공배수
　공약수 : 두 수 이상의 정수에 공통되는 약수
　공배수 : 두 수 이상의 정수에 공통되는 배수

　4는 24의 약수이고 동시에 20의 약수입니다. 4는 24와 20의 공약수입니다. 4처럼 두 수를 나누어 나머지 없이 떨어지게 하는 수를 공약수라고 합니다.

　24는 6의 배수이고 동시에 8의 배수입니다. 24는 6과 8의 공배수입니다. 두 수에 공통으로 들어가는 배수를 공배수라고 합니다.

특별한 수, 소수

약수가 2개인 수를 '소수'라고 합니다. 1과 자신만을 약수로 가지는 수입니다. 다음 표를 통해 확인할 수 있습니다.

수	약수	수	약수	수	약수
1	1	2	1, 2	3	1, 3
4	1, 2, 4	5	1, 5	6	1, 2, 3, 6
7	1, 7	8	1, 2, 4, 8	9	1, 3, 9
10	1, 2, 5, 10	11	1, 11	12	1, 2, 3, 4, 6, 12
13	1, 13	14	1, 2, 7, 14	15	1, 3, 5, 15
16	1, 2, 4, 8, 16	17	1, 17	18	1, 2, 3, 6, 9, 18
19	1, 19	20	1, 2, 4, 5, 10, 20	21	1, 3, 7, 21

소수가 아닌 합성수들은 모두 소수들의 곱으로 나타낼 수 있습니다.

$6 = 2 \times 3,\ 14 = 2 \times 7,\ 15 = 3 \times 5$

이처럼 1을 제외한 자연수는 모두 소수와 소수들의 곱으로 나타낼 수 있습니다. 그래서 수학자들은 소수를 통해 자연수의 성질을 알 수 있을 것이라고 생각하며 오래전부터 다양한 가설을 세우고 연구를 진행하고 있습니다.

그중 하나가 '소수는 무한히 많을까?' 하는 것이었습니다. 소수는 수가 커질수록 출현하는 빈도가 낮아집니다.

1~9까지 소수의 개수 : 4개(2, 3, 5, 7)
10~99 소수의 개수 : 21개(11, 13 …… 89, 97)
100~999까지 소수의 개수 : 143개(101, 103 …… 991, 997)

1~9까지 9개의 수 중에 소수는 모두 4개가 있습니다. 소수의 비율이 44%입니다. 10~99까지 90개의 수 중에 소수는 21개로 전체 수의 23%입니다. 100~999까지 900개의 수 중에는 143개로 소수의 비율은 16%입니다. 이처럼 수가 커질수록 소수의 출현 빈도는 계속 낮아지고 있습니다. 1부터 10,000까지의 수에서 소수의 비율을 12%이고, 1부터 100만까지 수에서 소수의 출현 빈도는 8%입니다. 그래서 '수가 무한대로 커지면 소수도 더 이상 나오지 것'이라는 생각을 하게 되었습니다. 하지만 2000년 전 그리스 시대의 수학자인 유클리트가 소수가 무한히 많다는 것을 증명했습니다.

현재 수학자들은 '소수의 규칙성'을 집중적으로 연구하고 있습니다. 소수가 출현하는 규칙이 있다면 소수를 찾는 것이 훨씬 수월해지기 때문입니다. 1859년 독일의 수학자 리만은 '불규칙한 소수의 출현에도 일정한 패턴이 있지 않을까?'라는 가설을 제기합니다. 많은 수학자들이 이 가설을 증명하기 위해 연구하고 있지만 여전히 풀리지 않고 있습니다.

생각 문제	2019년에 13년의 잠복기(성장 주기)를 가진 매미가 3년마다 번성하는 천적인 새를 만났습니다. 다음에 이 매미의 잠복기와 천적인 새가 번성하는 시기가 일치해 만나게 되는 해는 언제일까요? 만약 이 매미의 잠복기가 12년이었다면 천적인 새가 번성하는 시기와 일치하는 해는 언제일까요?

13년 잠복기를 가진 매미와 3년마다 번성하는 새가 만나게 될 해는 39년 후인 2058년입니다.

매미의 잠복기인 13이 소수이기 때문에 공배수를 이용해 계산하면 13 × 3 = 39로 2058년임을 쉽게 구할 수 있습니다.

매미의 잠복기가 12년이라면 12년 후인 2031년에 매미와 새가 번성하는 시기가 일치하게 됩니다.

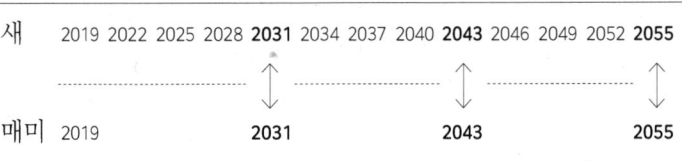

매미의 잠복기인 12가 새가 번성하는 시기인 3의 배수이기 때문에 두 수의 최소 공배수인 12년 후에 다시 만나게 됩니다. 13년은 12년과 단 1년 차이지만 무려 27년이라는 시간 동안 천적을 만나지 않게 되는 것입니다. 잠복기가 소수이기 때문에 공배수가 커지게 되고 그만큼 천적을 만날 가능성도 줄어들게 됩니다.

암호와 소수

은행에서 사용하는 암호 체계는 1977년 미국 MIT 공대에서 개발된 RSA 시스템을 사용합니다. 이 시스템은 소수의 곱셈을 기반으로 만들었습니다. 예를 들어, 소수인 17과 89를 곱해서 1,513을 구하는 것은 어렵지 않습니다. 그러나 두 소수의 곱인 1,513만 주어진다면, 17과 89를 찾아낼 수 있을까요? 실제로 두 소수를 찾기 위해서는 2, 3, 5 등 소수를 일일이 대입해서 나누어 보는 어렵고 번거로운 계산을 해야 합니다. 더구나 이러한 방식으로 두 소수를 찾아내려면 시간도 매우 많이 걸립니다. 200자리 소수인 C와 D가 있다고 가정해 봅시다. 슈퍼컴퓨터를 사용하면 C와 D의 곱인 E를 구하는 시간은 1초도 걸리지 않지만, E만 알고 있을 경우에 C와 D를 구하는 것은 50억 년 이상 걸린다고 합니다. 그래서 은행들은 이런 소수의 특징을 이용해 암호 체계를 만들어 사용하고 있습니다.

9장. 자연과 예술의 만남, 아름다운 비율

자연과 예술의 만남, 아름다운 비율

아름다운 비율이란 무엇일까

밀로의 비너스와 석굴암의 공통점은 무엇일까요? 가장 아름다운 예술 작품과 건축물들 중 하나라는 것입니다. 사람들은 이 작품들을 보면서 비율의 아름다움에 관해 이야기합니다. 아름다운 비율은 우리가 예술 작품에서 감동을 받는 원천 중 하나입니다.

밀로의 비너스

석굴암 본존불

그렇다면 우리가 아름답다고 느끼는 비율은 무엇일까요? 고대부터 인간은 아름다운 비율에 대해 고민했습니다. 그리스의 수학자 피타고라스는 정오각형 모양의 별에서 이상적인 비율을 발견했습니다. 정오각형의 각 꼭짓점을 대각선으로 연결하면 내부에 별 모양과 또 다른 오각형이 만들어지고, 각 대각선은 교차하는 대각선을 '5 : 8 = 1 : 1.6'의 비율로 분할한다는 것입니다. 이것이 인류가 아름다운 비율에 대해 고민하고 그 값을 발견한 시초입니다.

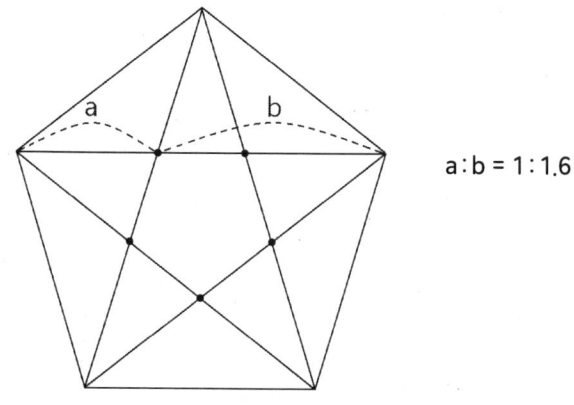

그러나 그리스보다 앞선 이집트와 메소포타미아 문명의 유적에서도 가로와 세로를 5:8 비율로 만든 건축물들을 관찰할 수 있습니다. 그 당시 사람들도 이 비율을 이상적이고 아름답게 생각해서 사용했을 것이라고 추측할 수 있지만, 그 이유를 정확히 알 수는 없습니다.

다만 인간은 자연을 관찰하고 모방하며 발견과 발명을 통해 문명을 발전시켰기 때문에 아름다운 비율 또한 자연에서 찾았을 가능성이 높습니다.

잘 익은 사과를 옆으로 잘라 보면 오각별 모양을 볼 수 있습니다. 오각별의 꼭짓점을 서로 연결하면 정오각형이 됩니다. 이때 정오각형의 한 변의 길이(a)와 오각별의 한 변의 길이(b)의 비율은 5:8 = 1:1.6입니다.

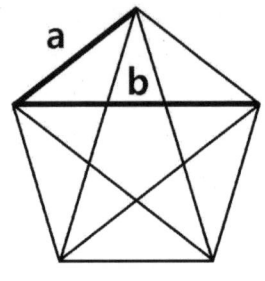

잘 익은 사과를 가로로 자르면 오각별을 발견할 수 있다.

정오각형의 한 변 a와 오각별의 한 변 b의 길이의 비율은 5 : 8 = 1 : 1.6이다.

황금비와 황금사각형

'하나의 선분을 가장 보기 좋게 둘로 나눌 수 있는 방법'은 고대 그리스에서는 아주 중요한 문제였습니다. 당시 사람들은 아름다움을 비례와 질서, 조화에서 찾았기 때문입니다. 대형 건축물과 예술 작품들은 대부분 신전과 신, 신화 속 인물들이었기 때문에 건축과 미술에서도 그 안에 질서와 조화를 담기 위해 이 문제는 주요한 관심사였습니다. 이 문제에 대해 수학적으로 정의한 사람은 그리스 수학자 유클리드였습니다. 그는 자신의 책 《원론》에서 다음과 같이 정리하고 있습니다.

"한 선분을 두 부분으로 나눌 때, 선분 전체와 긴 선분의 비가 긴 선분과 짧은 선분의 비와 같도록 나누는 것."

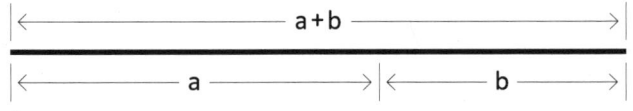

유클리드의 정의는 '전체 : 긴 것 = 긴 것 : 짧은 것'으로 정리할

수 있고, 수식으로 나타내면 a+b:a = a:b가 됩니다. 그리고 b = 1이라고 정하면, a+1:a = a:1이 됩니다. 비례식은 내항의 곱과 외항의 곱이 같기 때문에 a×a = (a+1)×1이라는 수식을 만들 수 있습니다.

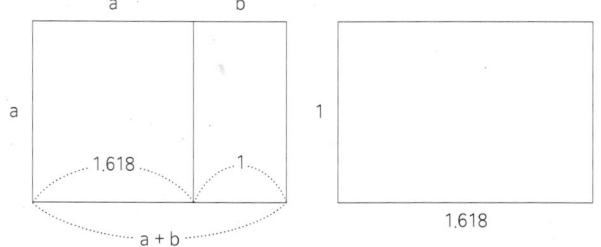

$a^2 = a+1$의 값은 정확하게 소수나 분수로 표현할 수 없는 값입니다. a의 값을 계산해 보면 1.618033988749……여서 일반적으로 소수점 셋째 자리까지만 나타낸 1.618을 사용하고 있습니다.

유클리드가 정리한 이 비율은 이후 '외중비extreme and mean ratio' 또는 '황금비golden ratio'로 불리게 되었습니다. 황금비는 그 이름처럼 가장 조화롭고 아름답다고 여겨져 건축과 회화, 조각 등 예술 작품 등에 널리 이용되었습니다. 특히 이 비율을 가진 사각형을 가장 이상적인 모양으로 보고 이를 '황금사각형'이라고 불렀습니다.

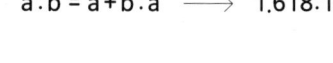

신성 비례

　　이탈리아의 수도사이자 수학자였던 루카 파치올리는 그리스 시대에 정리된 황금비를 유럽에 소개하면서 '신성한 비례(신성 비례)'라고 했습니다. 신성 비례는 신이 내린 '조화와 균형이 완벽한 비율'이라는 뜻입니다.

　　19세기 이후 '신성 비례'가 많이 알려지면서 아름답고 가치 있는 비율이라는 의미로 '황금 비율(황금비)'이라고 불리게 됩니다. 그렇지만 정확한 측정에 바탕을 두지 않고 비슷한 비율을 '황금비'라고 주장한 것도 많았습니다.

　　앵무조개나 산양의 뿔 그리고 태풍의 눈에서 반지름이 커지는 비율을 '황금비'라고 하는 경우가 있는데, 실측한 결과에 따르면 1.45~1.70 사이의 값이 나옵니다.

산양뿔 나선 모양

파르테논 신전

　　우리가 황금비라고 알고 있는 고대 예술 작품과 건축물 중에서도 실제로 황금비가 아닌 것도 많습니다. 가장 대표적인 것이 그리스의 파르테논 신전입니다. 황금비가 사용된 고대 건축물로 가장 널리 알려졌지만 실제로는 삼각 지붕을 제외하면 약 4:9(1:2.25) 비율이고, 삼각 지붕을 포함하면 약 1:1.72 비율입니다. 황금비인 1:1.618과는 차이가 큽니다. 앞서 소개한 밀로의 비너스도 엄밀한 의미에서는 황금비가 아닙니다.

그러나 수학적 비율을 예술 작품에 적용하여 정확한 수치를 요구하는 것은 무리가 따릅니다. 아름다운 비율을 추구한 인간이 가장 이상적이고 조화로운 비율로 찾은 값이 황금비라는 사실에 주목한다면 예술 작품의 근삿값은 얼마든지 허용할 수 있는 수준일 것입니다. 황금비가 아니라고 해서 그 예술 작품이 가진 고유의 아름다움이 줄어들거나 사라질 수는 없기 때문입니다.

동양의 건축과 예술에 사용된 금강비

정사각형의 한 변과 대각선의 비율

정사각형의 한 변과 대각선을 다른 한 변으로 하는 직사각형을 만들어 봅시다. 아래 그림처럼 정사각형 ABCD의 한 변인 AB의 대각선인 BD와 같은 길이를 변으로 갖는 직사각형 ABEF를 만들 수 있습니다. 따라서 AB : BD = BC : BE가 되고 이를 금강비라고 합니다. 이때 직사각형 ABEF의 세로와 가로의 비율을 AB : BE = 1 : 1.414로 나타낼 수 있습니다.

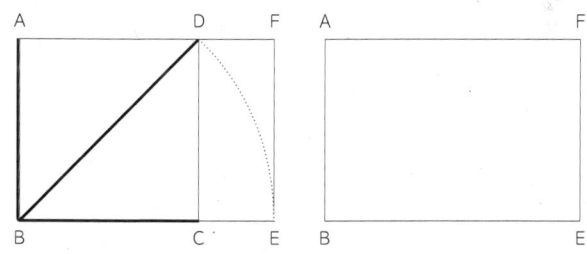

금강비도 황금비처럼 소수나 분수로 표현할 수 없어 소수점 셋째 자리까지만 사용합니다. 금강비의 금강은 서양의 황금비처럼 금

강석(다이아몬드) 같은 조화롭고 아름다운 비율이라는 뜻에서 붙여진 이름입니다.

금강비는 동양의 건축물에서 많이 발견할 수 있는데 가장 대표적인 것은 경주 석굴암입니다. 석굴암은 화강암으로 만들어진 구조물인데 본존불을 모신 주실은 천정이 돔 형태로 되어 있고, 전체적으로 1:1.414의 금강비가 사용되었습니다.

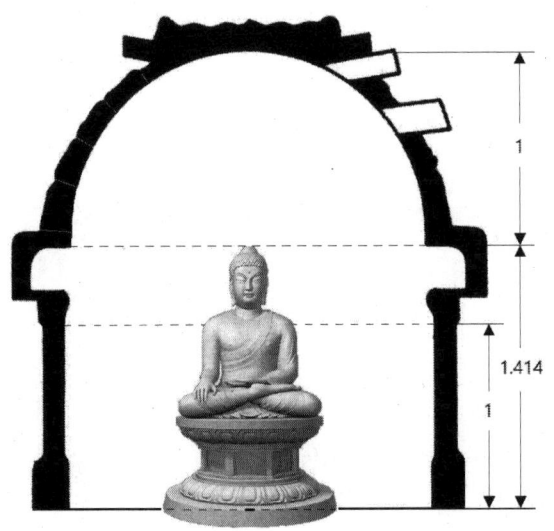

석굴암 본존불과 주실의 금강비

석굴암의 바닥에서 부처님의 어깨 높이까지를 1로 보면, 석굴암 바닥에서 부처님 정수리까지는 1.414가 됩니다. 그리고 부처님 정수리에서부터 주실의 천정까지가 다시 1이 됩니다. 실측한 결과 석굴암의 구조물에는 많은 부분이 1:1.414의 금강비를 사용하고 있었습니다.

부석사 무량수전에도 금강비가 사용되었습니다. 무량수전 정면의 건물의 높이와 처마를 제외한 지붕의 폭, 측면의 폭과 높이가 각각 1:1.414의 비율로 만들어진 것입니다. 내부 기둥의 높이와 두 기둥을 잇는 서까래의 길이도 금강비를 이루고 있습니다. 이 밖에도 한옥 건축의 대문과 창호 등 다양한 요소에 금강비가 사용되었습니다.

복사지 A4는 왜 금강비를 사용했을까

우리가 일상에서 사용하고 있는 복사지에도 금강비가 사용되었습니다.

A4를 절반으로 자르면 원래 모양과 비율은 같고 넓이만 $\frac{1}{2}$로 줄어듭니다. 몇 번을 이등분해도 종이 모양은 처음과 비율이 같은 닮음꼴이 됩니다. 그 이유는 무엇일까요?

우리가 사용하고 있는 종이 규격은 1922년에 독일 공업협회에서 규격화한 것입니다. 종이를 잘라 쓸 때 낭비되는 종이가 없게 하는 방법을 연구하다 금강비인 1:1.414 비율이 가장 효율적임을 발견하게 되었고 이를 산업에 적용했습니다. 원지를 두 종류로 규격화하고 A0와 B0를 기준으로 제단해서 사용한 것입니다. A0는 넓이가 약

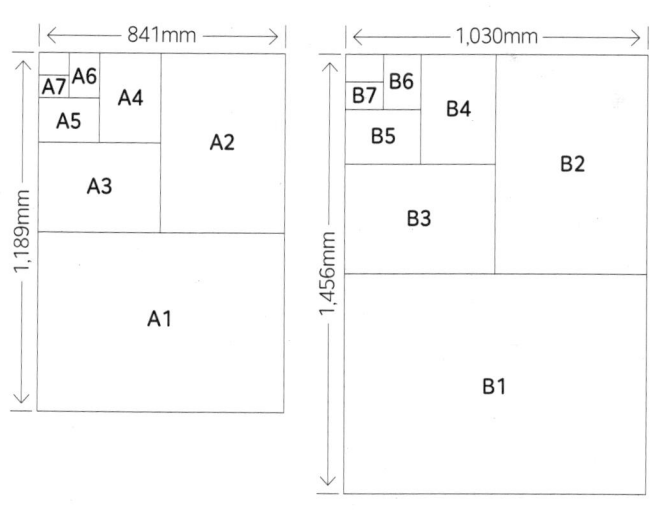

1㎡인 종이로 가로와 세로의 길이가 841mm×1,189mm이고 그 비율은 1:1.414로 금강비와 같습니다. 우리가 흔히 사용하는 A4는 A0를 절반씩 4번 잘랐기 때문에 붙여진 이름입니다. 그래서 A4의 가로와 세로의 길이는 210mm×297mm로 A0의 $\frac{1}{4}$이지만 비율은 1:1.414로 변하지 않습니다.

수학 지식

비례식과 비례배분

연관 단원	비례식과 비례배분(6학년)

비례식은 비의 값이 같은 두 비를 '='로 연결한 식입니다. 비례식을 알면 실제 생활에서 만나는 응용 문제를 쉽게 풀 수 있고, 규칙성을 이해하기 쉽습니다.

비례배분은 주어진 양을 비의 값으로 나누는 것입니다.

비 : '비교하는 양 : 기준량'으로 비교하는 크기를 의미

비의 값 : 기준량을 1로 정하고 비교하는 양의 크기를 나타낸 값

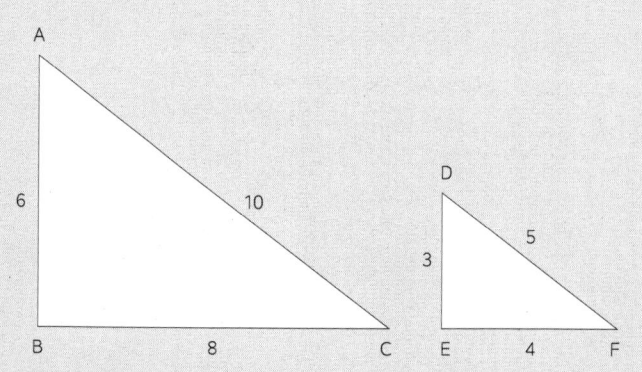

삼각형 ABC에서 '높이 : 밑변'의 비가 6 : 8일 때 비의 값은 $\frac{6}{8} = \frac{3}{4}$
삼각형 DEF에서 '높이 : 밑변'의 비가 3 : 4일 때 비의 값은 $\frac{3}{4}$

따라서 삼각형 ABC와 삼각형 DEF는 비의 값이 같은 닮음인 삼각형입니다. 비의 값이 같은 두 비를 비례식으로 만들면 다음과 같습니다.

6 : 8 = 3 : 4

비례식의 성질 : 내항의 곱과 외항의 곱은 항상 같습니다. 따라서 내항 8과 3의 곱과 외항인 6과 4의 곱이 같고, 위의 4개 항 중 3개를 알면 나머지 하나를 비례식으로 구할 수 있습니다.

A : B = ? : D
A × D = B × ?
? = (A × D) ÷ B

예를 들어, '6 : A = 3 : 4'일 때 A의 값을 구하면 다음과 같습니다.

$$A \times 3 = 6 \times 4$$
$$A \times 3 = 24$$
$$A = 24 \div 3$$
$$A = 8$$

비례배분 : 어떤 값을 두 비로 나눈 값

A를 'B : C'로 비례배분한 값을 구하면 다음과 같습니다.

$$A \times \frac{B}{B+C}, A \times \frac{C}{B+C}$$

예를 들어, 사탕 15개를 언니와 동생이 3 : 2로 비례배분한 값을 구하면 다음과 같습니다.

$$언니 = 15 \times \frac{3}{3+2}$$
$$동생 = 15 \times \frac{2}{3+2}$$

사탕 15개 중 언니는 9개, 동생은 6개의 사탕을 나누어 가지게 됩니다.

황금각과 씨앗의 성장

황금비처럼 황금각도 존재합니다. 자연에서 황금각은 씨앗의 성장하는 모습에서 쉽게 찾아볼 수 있습니다. 실제로 해바라기는 씨앗의 성장에 황금각을 사용하고 있습니다. 황금각은 무엇이고, 해바라기는 왜 씨앗의 성장에 황금각을 이용하는지 알아봅시다.

생각 문제	아래 그림처럼 360°를 a와 b로 나누어 황금각을 만들 때 그 각도 크기는 몇 도일까요?

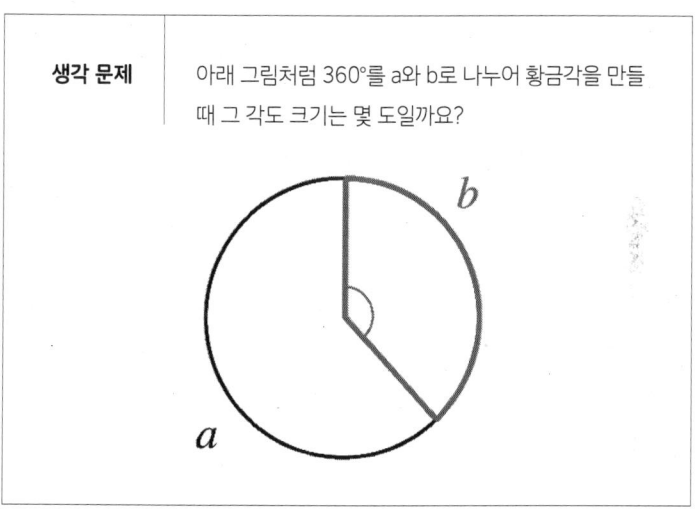

황금비가 1 : 1.618이기 때문에 비례식과 비례배분을 이용하면 문제를 해결할 수 있습니다.

a와 b는 황금각으로 분할되었기 때문에 'a : b = 1.618 : 1'이 성립합니다.

a : b = 1.618 : 1

360°를 1.618 : 1로 비례배분한 값을 구하면 다음과 같습니다.

a의 각도를 계산하면,

$a = 360 \times \frac{1.618}{1.618+1} = 360 \times \frac{1.618}{2.618}$

$a = 360 \times 1.618 \div 2.618$

$a = 582.48 \div 2.618$

$a = 222.49$

a의 각도는 222.49°입니다.

b의 각도를 계산하면,

$b = 360 \times \frac{1}{1+1.618} = 360 \times \frac{1}{2.618}$

$b = 360 \times 1 \div 2.618$

$b = 360 \div 2.618$

$b = 137.50$

b의 각도는 약 137.50°입니다.

    a와 b의 각도를 구한 값인 222.49와 137.50의 비를 계산해 보면 1.618 : 1임을 확인할 수 있습니다.

    황금각을 이루는 큰 각 a는 222.5°이고, 작은 각 b는 137.5°입니다.

해바라기 씨앗의 황금각

    해바라기는 씨앗의 성장에서 황금각을 이용합니다. 해바라기 씨앗은 처음 가운데에서 만들어지고 성장하면서 점점 바깥쪽으로 확장됩니다. 첫 번째 씨앗과 두 번째 씨앗은 바로 옆에 붙어서 성장하는 것이 아니라 일정한 각도만큼 떨어져서 성장합니다. 그 각도가 바로 황금각인 137.5°이고 씨앗들이 빈 공간 없이 촘촘하게 성장하기 위해 계속 황금각을 유지하며 자랍니다. 씨앗의 성장 모형을 만들어 보면 각도가 137.5°보다 크거나 작으면 중간에 빈틈이 생기지만, 137.5°

로 만들어지면 씨앗 사이의 빈틈이 거의 없이 촘촘하게 씨앗이 자라게 됩니다.

 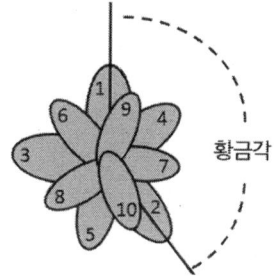

아름다운 비율

부석사 무량수전

금강비와 황금비는 동서양에서 오랫동안 사용해 온 아름다운 비율입니다. 사실 '아름다움'과 '아름다운 비율'은 미학의 영역에 가까워 수학적으로 단정하고 평가하기는 어렵습니다. '아름다움'은 문화와 관습의 영향을 받기 때문에 지역과 시대에 따라 다를 수 있습니다. 우리가 아름답다고 여기는 것을 다른 문화권의 사람들은 다르게 느낄 수 있고, 시간이 흐른 뒤 우리 생각도 달라질 수 있습니다.

그렇지만 황금비와 금강비의 효율적 가치는 변하지 않습니다. 해바라기 씨앗이 빈틈없이 촘촘하게 자랄 수 있는 것은 황금각을 이용하기 때문입니다. 금강비를 이용한 종이 규격은 반으로 잘라도 항상 닮은꼴이어서 종이를 낭비하지 않고 사용할 수 있습니다. 우리는 금강비와 황금비를 가장 '아름다운 비율'로 알고 있지만, 그 가장 큰 가치는 '효율'이라고 할 수 있습니다. 그래서 수학적으로 보면 황금비와 금강비는 가장 '효율적인 비율'이라는 표현이 더 적합할 수 있습니다.

부록. 함께 하는 실험

1. 햇빛을 고르게 나누는 식물의 잎 나기

	식물의 잎 나기 실험
목적	• 식물이 햇빛을 고르게 받기 위해 잎을 어긋나게 나는 원리를 관찰한다. • 식물 줄기에 같은 개수의 잎을 달아 $\frac{1}{3}$, $\frac{2}{5}$, $\frac{3}{8}$개도의 잎 나기 방법을 관찰하고, 수학적 패턴을 찾아본다.
준비물	도화지(A3 1장), 녹색 색종이(8장), 자, 연필, 가위, 투명 테이프, 카메라
실험 순서	**줄기 만들기** ① A3용지에 $\frac{1}{3}$, $\frac{2}{5}$, $\frac{3}{8}$개도의 줄기가 될 표 3개를 같은 크기로 그리고, 잎이 날 위치에 점을 찍어 표시한다 $\frac{1}{3}$개도 : 3×9(가로×세로), 대각선 한 칸마다 9개의 점을 찍는다. $\frac{2}{5}$개도 : 5×20(가로×세로), 대각선 두 칸마다 9개의 점을 찍는다. $\frac{3}{8}$개도 : 8×24(가로×세로), 대각선 세 칸마다 9개의 점을 찍는다. **잎 만들기** ① 녹색 색종이를 4등분해서 나뭇잎 모양을 그린 후 가위로 오려 낸다. 같은 과정으로 27장 이상의 나뭇잎을 만든다. ② 줄기에 붙일 부분에 점을 찍어 표시해 둔다. **줄기에 나뭇잎을 붙이고 사진 찍기** ① 줄기의 점과 나뭇잎의 점이 일치하게 투명 테이프로 붙인다. ② $\frac{1}{3}$, $\frac{2}{5}$, $\frac{3}{8}$개도 줄기를 나란히 놓고, 옆에서 본 모양, 45° 위에서 본 모양, 수직으로 위에서 본 모양을 사진 찍는다.
결과	① $\frac{1}{3}$개도는 각각 120° 회전하면서 잎이 난다. 위에서 보면 1, 4, 7과 2, 5, 8과 3, 6, 9번 잎이 각각 같은 위치에서 나는 것을 확인할 수 있다. ② $\frac{2}{5}$개도는 각각 144° 회전하면서 잎이 난다. 1 - 6, 2 - 7, 3 - 8, 4 - 9, 5 - (10)번 잎이 같은 위치에서 나는 것을 확인할 수 있다. ③ $\frac{3}{8}$개도는 각각 135° 회전하면서 잎이 난다. 세 번 회전 후 1번과 9번 잎이 같은 위치에서 나는 것을 확인할 수 있다.

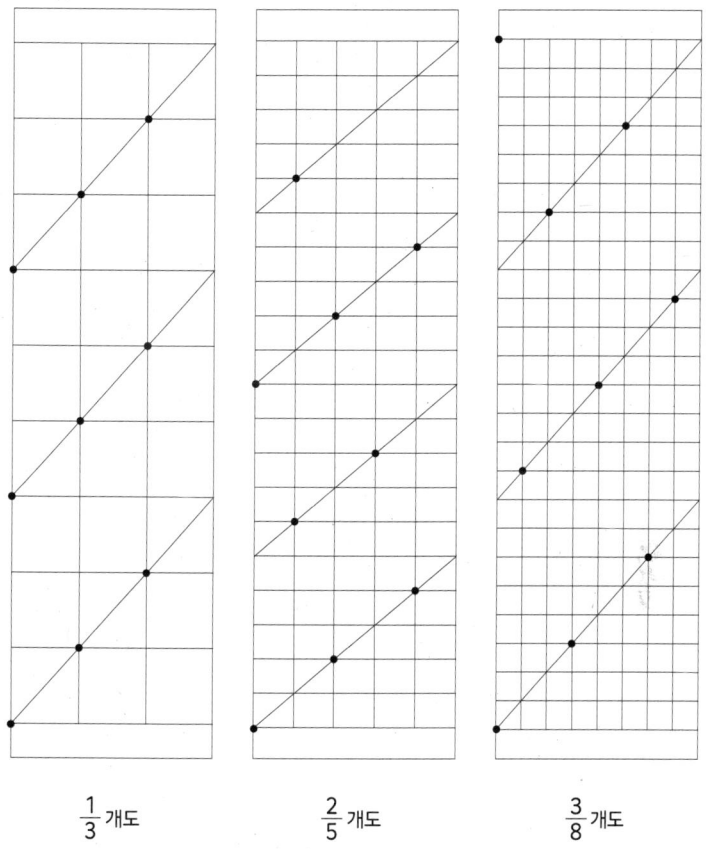

$\frac{1}{3}$ 개도 　　　　$\frac{2}{5}$ 개도 　　　　$\frac{3}{8}$ 개도

2. 단풍나무 씨앗 모형 날리기

	다양한 모양의 단풍나무 씨앗 모형 날리기
목적	• 단풍나무 씨앗의 이동을 실험을 통해서 확인한다. • 날개의 모양과 받침대의 길이가 단풍나무 씨앗의 이동 거리에 어떤 영향을 미치는지 알아본다.
준비물	색종이, 자, 연필, 가위, 투명 테이프
실험 순서	① 날개가 좁고 긴 것과 넓고 짧은 것, 받침대가 긴 것과 짧은 것 네 종류의 단풍나무 씨앗 모형을 그린다. 　* 날개 2×6cm, 받침대 1.8×6cm (날개 좁고 받침대 긴 것) 　* 날개 2×6cm, 받침대 1.8×5cm (날개 좁고 받침대 짧은 것) 　* 날개 3×4cm, 받침대 1.8×6cm (날개 넓고 받침대 긴 것) 　* 날개 3×4cm, 받침대 1.8×5cm (날개 넓고 받침대 짧은 것) ――― 자르는 선　――― 밖으로 접는 선　……… 안으로 접는 선 ② 실선은 자르고 점선은 안내에 따라 안팎으로 접는다. ③ 받침대는 접은 부분이 벌어지지 않게 투명 테이프를 붙여 고정한다. 받침대 끝부분은 위로 접어 무게 중심을 맞춘다. ④ 실험은 높이 2m 이상에서 수직으로 자유 낙하시킨다. 바람 등 외부 요인이 통제된 실내에서는 책상 위에 올라가 실험을 진행한다. 실외에서는 2층 창가나 계단에서 진행해 본다. ⑤ 외부에서 실험을 진행할 경우에는 네 종류의 단풍나무 씨앗 모형을 동시에 날려야 한다. ⑥ 연속 5회 측정해서 가장 먼저 떨어지는 것과 가장 나중에 떨어지는 것을 찾아낸다.
결과	실내 실험의 경우, 날개가 좁고 받침대가 짧은 모양이 체공 시간이 길어 가장 멀리 이동할 수 있다.

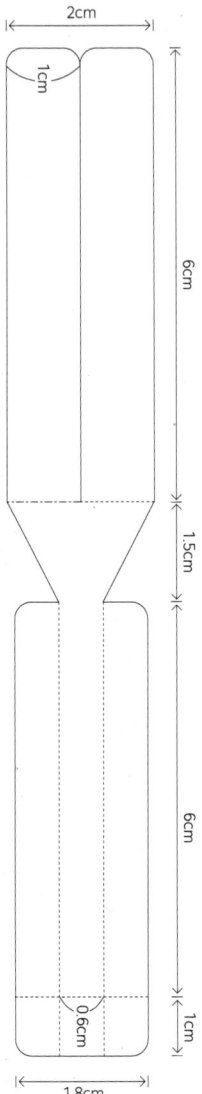

——— 자르는 선   ----- 밖으로 접는 선   ········ 안으로 접는 선

3. 원이 육각형으로 변하는 꿀벌의 집

	꿀벌 집 모양 비눗방울 실험
목적	• 원 모양이 육각형으로 변화하는 과정을 관찰한다. • 정다각형의 평면 분할은 정삼각형, 정사각형, 정육각형 세 가지 경우만 가능하다는 것을 실험을 통해 확인한다. • 둘레가 일정할 때 넓이가 가장 넓은 도형은 정육각형이라는 사실을 실험을 통해 확인한다.
준비물	비눗방울 10㎖, 빨대, 20cm 은박 접시, 색도화지 5장, 가위, 자
실험 순서	① 은박 접시 가운데에 지름 4cm 반구형 비눗방울 1개를 불고 주변에 똑같은 비눗방울 6개를 불어서 에워싼다. ② 처음에 만든 반구형 비눗방울의 모양이 어떻게 변하는지 관찰한다. ③ 한 변의 길이가 8cm인 정삼각형 6개, 6cm인 정사각형 4개, 4.8cm인 정오각형 4개, 4cm인 정육각형 3개, 지름이 7.6cm인 원 3개를 만든다. ④ 같은 모양의 도형끼리 맞대어 평면을 빈틈없이 채울 수 있는 도형을 찾는다. ⑤ 각각의 도형 안에 가장 큰 원을 그리고 지름의 길이를 측정한다.
결과	① 반구형 모양이 육각기둥 모양으로, 원이 육각형으로 변한다. ② 정삼각형, 정사각형, 정육각형만 평면을 빈틈없이 나눌 수 있다. ③ 정육각형이 정삼각형과 정사각형보다 내부 면적이 넓어서 효과적이다.

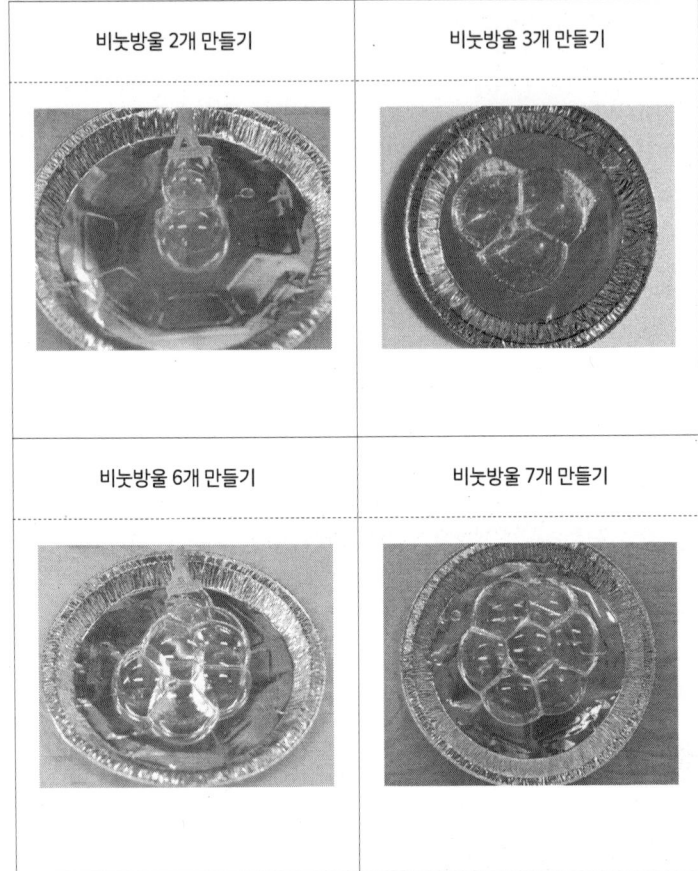

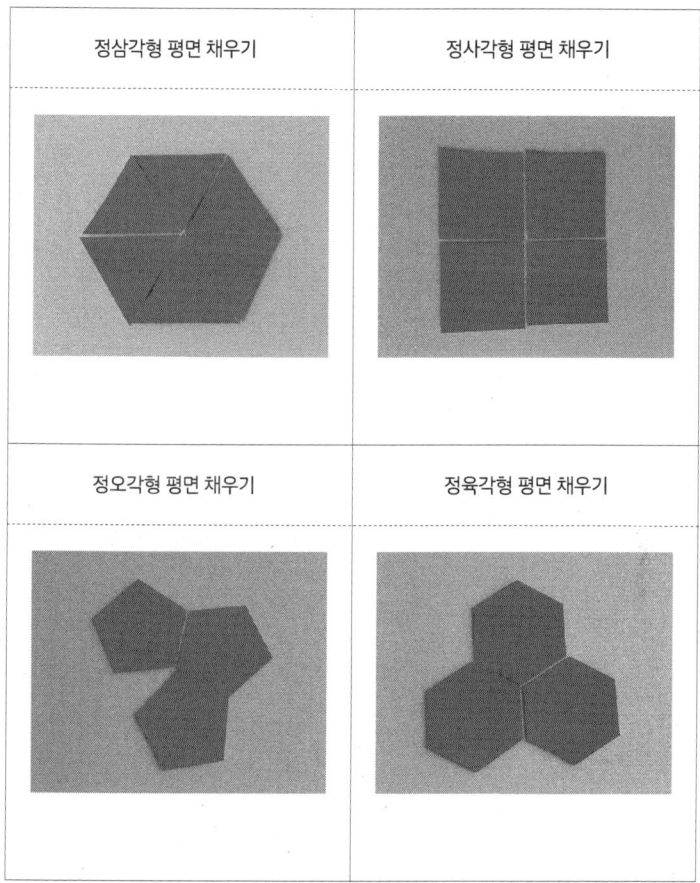

교육공동체 벗

교육공동체 벗은 협동조합을 모델로 하는 작은 지식공동체입니다.
협동조합은 공통의 목적을 가진 사람들이 모여서 만든
권력과 자본으로부터 독립된 경제조직입니다.
교육공동체 벗의 모든 사업은 조합원들이 내는 출자금과 조합비로 운영됩니다.
수익을 목적으로 하지 않기에 이윤을 좇기보다
조합원들의 삶과 성장에 필요한 일들과
교육운동에 보탬이 될 수 있는 사업들을 먼저 생각합니다.
정론직필의 교육전문지, 시류에 휩쓸리지 않는 정직한 책들,
함께 배우고 나누며 성장하는 배움 공간 등
우리 교육 현실에 필요한 것들을 우리 힘으로 만들고 함께 나누고 있습니다.

조합원 참여 안내

출자금(1구좌 일반 : 2만 원, 터잡기 : 50만 원)을 낸 후
조합비(월 1만 5천 원 이상)를 약정해 주시면 됩니다.
조합원으로 참여하시면 교육공동체 벗에서 내는 격월간 교육전문지
《오늘의 교육》과 조합 통신을 받아 보실 수 있습니다. 출자금은 종잣돈으로
가입할 때 한 번만 내시면 됩니다. 조합을 탈퇴하거나 조합 해산 시
정관에 따라 반환합니다. 터잡기 조합원은 벗의 터전을 함께 다지는 데
의미와 보람을 두며 권리와 의무에서 일반 조합원과 차이는 없습니다.
아래 홈페이지나 카페에서 조합 가입 신청서를 내려받아 작성하신 후
메일이나 팩스로 보내 주세요.

홈페이지 commune but.com
카페 cafe.daum.net/communebut
이메일 communebut@hanmail.net
전화 02-332-0712
팩스 0505-115-0712

교육공동체 벗을 만드는 사람들

※ 하파타순

후쿠시마 미노리, 황지영, 황정일, 황정인, 황정원, 황이경, 황윤호성, 황봉희, 황기철, 황규선, 황고운, 홍정인, 홍용덕, 홍순성, 홍세화, 홍성구, 홍석근, 현복실, 현미열, 허효인, 허창수, 허윤영, 허성균, 허보영, 허기영, 허광영, 함점순, 함영기, 한학범, 한채민, 한지혜, 한은옥, 한영옥, 한소영, 한성찬, 한민혁, 한만중, 한납, 한길수, 한경희, 하정호, 하인호, 하유나, 하승우, 하승수, 하순배, 탁동철, 최희성, 최현숙, 최현미, 최진규, 최주연, 최정윤, 최정아, 최은희, 최은정, 최은숙, 최은경, 최윤미, 최원herself, 최영식, 최영미, 최연희, 최연정, 최승훈, 최승복, 최선영, 최선경, 최봉선, 최보람, 최병우, 최미영, 최류미, 최대현, 최기호, 최광용, 최경미, 최경련, 최강토, 채효정, 채종민, 채윤, 채옥엽, 채민정, 차종수, 차용훈, 진현, 진주형, 진용용, 진영준, 진낭, 지정순, 지수연, 주윤아, 주순영, 조희정, 조형식, 조현민, 조향미, 조해수, 조진희, 조지연, 조준혁, 조주원, 조정희, 조용헌, 조용성, 조원희, 조원배, 조용진, 조영헌, 조영옥, 조영실, 조영선, 조여은, 조여경, 조성희, 조성실, 조성배, 조성대, 조석현, 조석영, 조문경, 조남규, 조경애, 조경아, 조경삼, 조경미, 제남모, 정희영, 정희선, 정흥윤, 정혜령, 정현진, 정현주, 정현숙, 정혜레나, 정태회, 정춘수, 정진영a, 정진영b, 정진규, 정종전, 정종민, 정재학, 정이든, 정은희, 정은주, 정은균, 정유진, 정유수, 정유섭, 정원탁, 정원석, 정용주, 정예슬, 정영헌, 정영수, 정애순, 정수연, 정선영, 정보라, 정민형, 정미숙a, 정미숙b, 정명호, 정명영, 정두년, 정대수, 정남주, 정광호, 정광필, 정광일, 정관모, 정경원, 전혜원a, 전혜원b, 전정희, 전유미, 전세란, 전병기, 전민지, 전미영, 전명훈, 전난희, 장홍필, 장현주, 장인하, 장은하, 장은미, 장윤영, 장원영, 장시준, 장상옥, 장병훈, 장병학, 장병은, 장근영, 장군, 장경훈, 임혜정, 임향신, 임한철, 임지영, 임중혁, 임종길, 임정은, 임전수, 임은우, 임수진, 임성빈, 임성무, 임선영, 임상진, 임동헌, 임덕연, 이희옥, 이희연, 이효진, 이화현, 이호진, 이혜정, 이혜린, 이현, 이혁규, 이향숙, 이한진, 이태영a, 이태영b, 이태구, 이층근, 이진혜, 이진주, 이진숙, 이지혜a, 이지혜b, 이지현, 이지향, 이지영, 이지연, 이중석, 이주희, 이주영, 이종은, 이정희a, 이정희b, 이재형, 이재익, 이재영, 이재두, 이인사, 이은희a, 이은희b, 이은향, 이은진, 이은주, 이은영, 이은숙, 이윤정, 이윤협, 이윤승, 이윤선, 이윤미, 이윤경, 이유진a, 이유진b, 이월녀, 이원남, 이용환, 이용석a, 이용석b, 이용기, 이영화, 이영혜, 이영주, 이영아, 이영상, 이연진, 이연주, 이연숙, 이연수, 이승헌, 이승태, 이승연, 이승아, 이슬기a, 이슬기b, 이수정a, 이수정b, 이수연, 이수미, 이소형, 이성희, 이성호, 이성숙, 이성수, 이설희, 이선표, 이선영a, 이선영b, 이선애, 이선애b, 이선미, 이상훈, 이상화, 이상직, 이상원, 이상우, 이상미, 이상대, 이병준, 이병곤, 이범희, 이민아, 이미옥, 이미숙, 이미라, 이문영, 이명훈, 이명형, 이동철, 이동준, 이덕주, 이남숙, 이난영, 이나경, 이기규, 이근철, 이근영, 이광연, 이계삼, 이경화, 이경은, 이경옥, 이경언, 이경림, 이건진, 윤홍은, 윤지형, 윤종원, 윤우람, 윤영훈, 윤영백, 윤수진, 윤상혁, 윤병일, 윤규식, 유효성, 유재을, 유영길, 유수연, 유병준, 위양자, 원지영, 원윤희, 원성제, 우창숙, 우지영, 우완, 우수경, 오중근, 오정오, 오재홍, 오은정, 오은경, 오유진, 오수민, 오세희, 오민식, 오명환, 오동석, 염정신, 여희영, 여태전, 엄창호, 엄지선, 엄재홍, 엄기호, 엄기욱, 양해준, 양지선, 양은주, 양은숙, 양영희, 양애정, 양선형, 양서영, 양상진, 안효빈, 안찬원, 안지현, 안지윤, 안지영, 안준철, 안정선, 안용덕, 안옥수, 안영신, 안영빈, 안순억, 심항일, 심은보, 심승희, 심수환, 심동우, 심경일, 신혜선, 신충일, 신창호, 신창木, 신중희, 신중식, 신은정, 신은경, 신유준, 신소희, 신미옥, 송호영, 송혜란, 송정은, 송인혜, 송용석, 송승훈, 송명숙, 송근희, 손현아, 손진근, 손정란, 손은경, 손성연, 손민정, 손미승, 소수영, 성헌석, 성유진, 성용혜, 성열관, 설원민, 선휘성, 선미라, 석욱자, 석경은, 서혜진, 서지연, 서정오, 서인선, 서이슬, 서은지, 서우철, 서예원, 서명숙, 서금자, 서강선, 상형구, 변현숙, 백현희, 백영호, 백승범, 배희철, 배주영, 배경현, 배경원, 배이상헌, 배영진, 배아영, 배경내, 방득일, 방경내, 반영진, 박희진, 박희영, 박효정, 박효수, 박환조, 박혜숙, 박형진, 박형일, 박현희, 박현주, 박현숙, 박춘애, 박춘배, 박철호, 박진환, 박진현, 박진수, 박진교, 박지훈, 박지홍, 박지혜, 박지인, 박지원, 박중구, 박정아, 박정미a, 박정미b, 박재선, 박은하, 박은정, 박은아, 박은경a, 박은경b, 박유나, 박옥주, 박옥균, 박영실, 박신자, 박숙현, 박수진, 박세영a, 박세영b, 박성규, 박복선, 박미희, 박명진, 박명숙, 박동혁, 박도정, 박도영, 박덕수, 박대성, 박노해, 박내헌, 박나실, 박고형존, 박경화, 박경주, 박경이, 박건형, 박건진, 민병성, 문정용, 문용석, 문영주, 문순숙, 문수현, 문수영, 문수경, 문성철, 문명숙, 문명희, 모은정, 마승희, 류형우, 류창모, 류정희, 류재향, 류우종, 류명숙, 류경원, 도정철, 도방주, 데와 타카유키, 노영헌, 노상경, 노미경, 노경미, 남효숙, 남정민, 남윤희, 남유경, 남원호, 남예리, 남미자, 남궁역, 날명, 나규환, 김희정, 김희옥, 김홍규, 김훈태, 김환희, 김홍규, 김혜영, 김혜림, 김형렬, 김현진a, 김현진b, 김현주a, 김현주b, 김현영, 김현실, 김현경, 김헌택, 김필임, 김태훈, 김춘성, 김천영, 김찬우, 김찬영, 김진희, 김진숙, 김진명, 김진, 김지훈, 김지연a, 김지연b, 김지미, 김지미b, 김지광, 김중미, 김준연, 김주영, 김종헌, 김종진, 김종원, 김종옥, 김종성, 김정희, 김정주, 김정식, 김정삼, 김재황, 김재민, 김인순, 김이은, 김이민경, 김은파, 김은영, 김은아, 김은실, 김은숙, 김윤주, 김윤우, 김원예, 김원석, 김우희, 김우영, 김우, 김용훈, 김용양, 김용만, 김요한, 김영희, 김영진a, 김영진b, 김영진c, 김영주a, 김영주b, 김영아, 김영순, 김영삼, 김연정a, 김연정b, 김영일, 김연오, 김연미, 김애숙, 김아현, 김순천, 김수현, 김수진a, 김수진b, 김수정a, 김수정b, 김수경, 김소희, 김소혜, 김소영, 김세호, 김성탁, 김성진, 김성숙, 김성보, 김선회, 김선철, 김선우, 김선미, 김선구, 김석준, 김석규, 김상회, 김상경, 김빛나, 김봉석, 김보현, 김병희, 김병춘, 김병기, 김민희, 김민선, 김민곤, 김민결, 김미향a, 김미향b, 김미진, 김미숙, 김미선, 김문옥, 김무영, 김묘석, 김명희, 김명섭, 김동현, 김동춘, 김동일, 김동원, 김도석, 김다희, 김다영, 김납철, 김나혜, 김기웅, 김기연, 김규태, 김광민, 김고종호, 김경일, 김경미, 김갑용, 김가연, 기세라, 금헌진, 금헌옥, 금명순, 권희중, 권혜영, 권혁천, 권태윤, 권자영, 권용해, 권미지, 국찬석, 구자예, 구자숙, 구완회, 구수연, 구본희, 구미숙, 팽이눈, 광혼, 곽혜영, 곽현주, 곽진경, 곽노현, 곽노근, 곽경훈, 공현, 공영아, 고춘식, 고진선, 고은미, 고윤정, 고영주, 고영실, 고병헌, 고병연, 고민경, 강화정, 강현주, 강현정, 강한아, 강태식, 강준희, 강인성, 강이진, 강은영, 강윤진, 강영일, 강영구, 강순원, 강수미, 강수돌, 강성규, 강석도, 강서형, 강경모

※2022년 2월 17일 기준 770명

* 이 책의 본문은 재생 용지를 사용해서 만들었습니다.
* 환경 보존과 자원 재활용을 위해 표지 코팅을 하지 않았습니다.